수학이 쉬워지는
완벽한 솔루션

완쏠

개념 라이트

확률과 통계

완쏠 개념 라이트

확률과 통계

발행일	2024년 6월 7일
펴낸곳	메가스터디(주)
펴낸이	손은진
개발 책임	배경윤
개발	김민, 오성한, 신상희, 성기은, 김건지
디자인	이정숙, 신은지
마케팅	엄재욱, 김세정
제작	이성재, 장병미
주소	서울시 서초구 효령로 304(서초동) 국제전자센터 24층
대표전화	1661.5431(내용 문의 02-6984-6901 / 구입 문의 02-6984-6868,9)
홈페이지	http://www.megastudybooks.com
출판사 신고 번호	제 2015-000159호
출간제안/원고투고	메가스터디북스 홈페이지 <투고 문의>에 등록

메가스터디BOOKS

'메가스터디북스'는 메가스터디㈜의 출판 전문 브랜드입니다.

유아/초등 학습서, 중고등 수능/내신 참고서는 물론, 지식, 교양, 인문 분야에서 다양한 도서를 출간하고 있습니다.

수학 기본기를 강화하는 완쏠 개념 라이트는 이렇게 만들었습니다!

새 교육과정에 충실한
중요 개념 선별 & 수록

교과서 수준에 철저히 맞춘
필수 예제와 유제 수록

최신 내신 기출과
수능, 평가원, 교육청 기출문제의
분석과 수록

개념을 빠르게
점검하는 단원 정리

정확한 답과 설명을
건너뛰지 않는 친절한 해설

이 책의 **짜임새**

STEP 1

필수 개념 + 개념 확인하기

단원별로 꼭 알아야 하는 필수 개념과
그 개념을 확인하는 문제로 개념을 쉽게 이해할 수 있다.

STEP 2

교과서 예제로 개념 익히기

개념별로 교과서에 빠지지 않고 수록되는 예제들을
필수 예제로 선정했고, 필수 예제와 같은 유형의 문제를
한번 더 풀어 보며 기본기를 다질 수 있다.

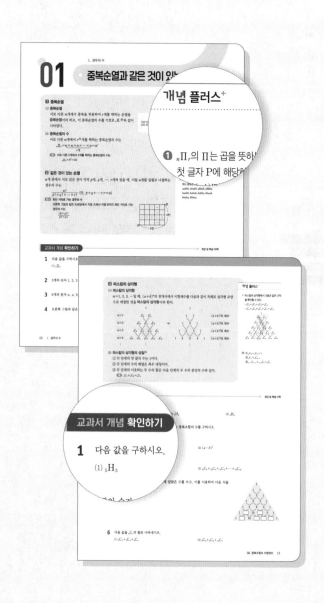

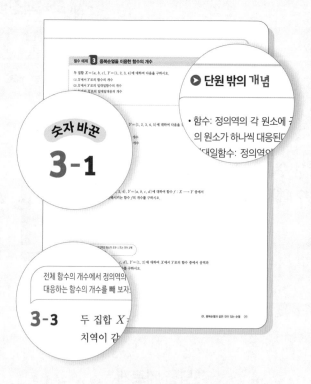

STEP 3

실전 문제로 단원 마무리

단원 전체의 내용을 점검하는 다양한 난이도의 실전 문제로
내신 대비를 탄탄하게 할 수 있고,
수능·평가원·교육청 기출로 수능적 감각을 키울 수 있다.

개념으로 단원 마무리

빈칸&○× 문제로 단원 마무리

개념을 제대로 이해했는지 빈칸 문제로 확인한 후,
○× 문제로 개념에 대한 이해도를 다시 한번
점검할 수 있다.

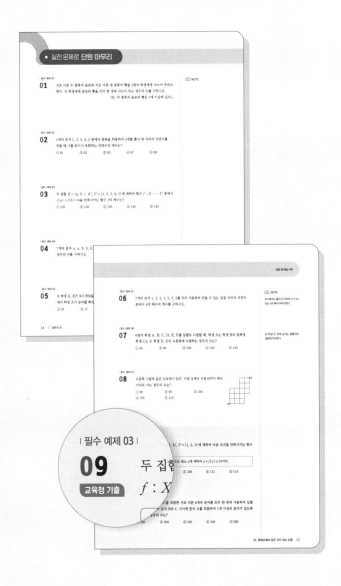

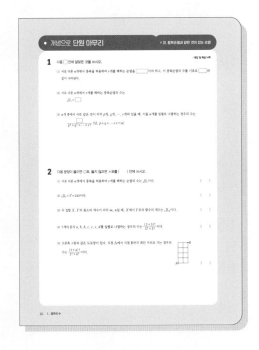

이 책의 차례

수학이 쉬워지는 완벽한 솔루션

완쏠 개념 라이트

01

중복순열과
같은 것이 있는 순열

01 중복순열과 같은 것이 있는 순열

1 중복순열

(1) 중복순열

서로 다른 n개에서 중복을 허용하여 r개를 택하는 순열을
중복순열이라 하고, 이 중복순열의 수를 기호로 $_n\Pi_r$❶와 같이
나타낸다.

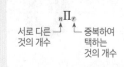
$$_n\Pi_r$$
서로 다른 ⌐   ⌐ 중복하여
것의 개수   택하는
             것의 개수

(2) 중복순열의 수

서로 다른 n개에서 r❷개를 택하는 중복순열의 수는
$$_n\Pi_r = \underbrace{n \times n \times n \times \cdots \times n}_{r개} = n^r$$

예 서로 다른 5개에서 2개를 택하는 중복순열의 수는
$$_5\Pi_2 = 5^2 = 25$$

2 같은 것이 있는 순열

n개 중에서 서로 같은 것이 각각 p개, q개, $\cdots$, r개씩 있을 때, 이들 n개를 일렬로 나열하는
경우의 수는
$$\frac{n!}{p! \times q! \times \cdots \times r!} \ (단, \ p+q+\cdots+r=n)$$

참고 최단 거리로 가는 경우의 수

오른쪽 그림과 같은 도로망에서 지점 A에서 지점 B까지 최단 거리로 가는 경
우의 수는
$$\frac{(p+q)!}{p! \times q!}$$

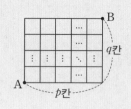

❶ $_n\Pi_r$의 Π는 곱을 뜻하는 Product의
첫 글자 P에 해당하는 그리스 문자로
'파이(pi)'라 읽는다.

❷ $_n P_r$에서는 $0 \le r \le n$이지만 $_n\Pi_r$에서
는 중복하여 택할 수 있기 때문에
$r > n$일 수도 있다.

◼ 5개의 문자 a, a, b, b, b를 일렬로 나열
하는 경우는 다음과 같이 10가지이다.
$aabbb, ababb, abbab, abbba,$
$baabb, babab, babba, bbaab,$
$bbaba, bbbaa$

교과서 개념 확인하기

정답 및 해설 08쪽

1 다음 값을 구하시오.

(1) $_4\Pi_3$ (2) $_2\Pi_5$ (3) $_6\Pi_0$

2 3개의 숫자 1, 2, 3 중에서 4개를 택하는 중복순열의 수를 구하시오.

3 6개의 문자 a, a, b, b, b, b를 일렬로 나열하는 경우의 수를 구하시오.

4 오른쪽 그림과 같은 도로망이 있다. 지점 A에서 지점 B까지 최단 거리로 가는 경우의 수를 구하시오.

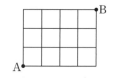

• 교고서 예제로 개념 익히기

필수 예제 1 중복순열의 수

5명의 학생이 두 동아리 A, B 중에서 각각 한 곳에 가입하는 경우의 수를 구하시오.

> **◐ 문제 해결 tip**
>
> 중복순열의 수 $_n\Pi_r$를 나타낼 때에는 서로 다른 것의 개수 n과 중복하여 택하는 것의 개수 r를 헷갈리지 말아야 한다.

숫자 바꿈

1-1 4명의 학생이 세 영화 A, B, C 중에서 각각 한 편을 관람하는 경우의 수를 구하시오.

1-2 서로 다른 상자 3개에 서로 다른 장난감 5개를 남김없이 담는 경우의 수를 구하시오.
(단, 빈 상자가 있을 수 있다.)

1-3 6개의 문자 a, b, c, d, X, Y 중에서 중복을 허용하여 3개를 택해 일렬로 나열할 때, 가장 왼쪽에 소문자가 나열되는 경우의 수를 구하시오.

필수 예제 2 중복순열을 이용한 자연수의 개수

▶ **빠지기 쉬운 함정**

5개의 숫자 1, 2, 3, 4, 5 중에서 중복을 허용하여 3개를 뽑아 세 자리의 자연수를 만들 때, 다음을 구하시오.

(1) 자연수의 개수

(2) 짝수의 개수

주어진 숫자에 0이 있는지 없는지 확인하고, 최고 자리에는 0이 올 수 없음에 주의한다.

숫자 바꿈

2-1 5개의 숫자 0, 1, 2, 3, 4 중에서 중복을 허용하여 4개를 뽑아 네 자리의 자연수를 만들 때, 다음을 구하시오.

(1) 자연수의 개수

(2) 홀수의 개수

2-2 6개의 숫자 0, 1, 2, 3, 4, 5 중에서 중복을 허용하여 5개를 뽑아 다섯 자리의 자연수를 만들 때, 5의 배수의 개수를 구하시오.

2-3 4개의 숫자 0, 1, 2, 3 중에서 중복을 허용하여 4개를 뽑아 네 자리의 자연수를 만들 때, 2000보다 큰 네 자리의 자연수의 개수를 구하시오.

필수 예제 **3** 중복순열을 이용한 함수의 개수

두 집합 $X=\{a, b, c\}$, $Y=\{1, 2, 3, 4\}$에 대하여 다음을 구하시오.

(1) X에서 Y로의 함수의 개수

(2) X에서 Y로의 일대일함수의 개수

(3) X에서 X로의 일대일대응의 개수

▶ 단원 밖의 개념

• 함수: 정의역의 각 원소에 공역의 원소가 하나씩 대응된다.
• 일대일함수: 정의역의 각 원소에 공역의 서로 다른 원소가 하나씩 대응된다.
• 일대일대응: 일대일함수 중에서 치역과 공역이 같은 함수이다.

숫자 바꿈

3-1 두 집합 $X=\{a, b, c, d\}$, $Y=\{1, 2, 3, 4, 5\}$에 대하여 다음을 구하시오.

(1) X에서 Y로의 함수의 개수

(2) X에서 Y로의 일대일함수의 개수

(3) X에서 X로의 일대일대응의 개수

3-2 두 집합 $X=\{1, 2, 3, 4\}$, $Y=\{a, b, c, d\}$에 대하여 함수 $f : X \longrightarrow Y$ 중에서 $f(1)=d$를 만족시키는 함수 f의 개수를 구하시오.

전체 함수의 개수에서 정의역의 원소가 모두 1 또는 모두 2에 대응하는 함수의 개수를 빼 보자.

3-3 두 집합 $X=\{a, b, c, d\}$, $Y=\{1, 2\}$에 대하여 X에서 Y로의 함수 중에서 공역과 치역이 같은 함수의 개수를 구하시오.

필수 예제 **4** 같은 것이 있는 순열의 수

영어 단어 banana에 있는 6개의 문자를 일렬로 나열하는 경우의 수를 구하시오.

> ◉ **빠지기 쉬운 함정**
>
> 같은 것이 있는 문자(숫자)를 일렬로 나열할 때 같은 문자(숫자)의 개수를 정확히 세어야 한다.

숫자 바꿔

4-1 영어 단어 success에 있는 7개의 문자를 일렬로 나열하는 경우의 수를 구하시오.

4-2 영어 단어 baseball에 있는 8개의 문자를 일렬로 나열할 때, 양 끝에 a와 s가 오도록 나열하는 경우의 수를 구하시오.

4-3 영어 단어 chance에 있는 6개의 문자를 일렬로 나열할 때, 모음끼리 이웃하도록 나열하는 경우의 수를 구하시오.

필수 예제 **5** 같은 것이 있는 순열을 이용한 자연수의 개수

6개의 숫자 0, 1, 1, 2, 2, 2를 모두 사용하여 만들 수 있는 여섯 자리의 자연수의 개수를 구하시오.

▶ 빠지기 쉬운 함정

주어진 숫자에 0이 있는지 없는지 확인하고, 최고 자리에는 0이 올 수 없음에 주의한다.

숫자 바꿔

5-1 7개의 숫자 0, 0, 1, 1, 1, 2, 2를 모두 사용하여 만들 수 있는 일곱 자리의 자연수의 개수를 구하시오.

5-2 7개의 숫자 1, 1, 2, 3, 4, 4, 4를 모두 사용하여 만들 수 있는 일곱 자리의 자연수 중에서 홀수의 개수를 구하시오.

5-3 6개의 숫자 1, 2, 3, 3, 3, 3에서 4개를 택하여 만들 수 있는 네 자리의 자연수의 개수를 구하시오.

필수 예제 6 **순서가 정해진 순열의 수**

5개의 문자 a, b, c, d, e를 일렬로 나열할 때, a가 b보다 앞에 오도록 나열하는 경우의 수를 구하시오.

▶ 문제 해결 tip

정해진 순서대로 문자를 나열하는 경우에는 순서가 정해진 문자를 같은 문자로 생각하고 나열한다.

숫자 바꿈

6-1 영어 단어 effort에 있는 6개의 문자를 일렬로 나열할 때, t가 e보다 뒤에 오도록 나열하는 경우의 수를 구하시오.

6-2 6개의 문자 a, b, c, d, e, f를 일렬로 나열할 때, b가 a보다 뒤에 오고, c보다는 앞에 오도록 나열하는 경우의 수를 구하시오.

6-3 7개의 문자 a, a, b, b, c, c, c를 일렬로 나열할 때, a가 b보다 앞에 오도록 나열하는 경우의 수를 구하시오.

필수 예제 **7** 최단 거리로 가는 경우의 수

오른쪽 그림과 같은 도로망이 있다. 지점 A에서 지점 P를 거쳐 지점 B까지 최단 거리로 가는 경우의 수를 구하시오.

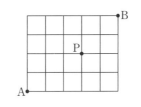

▶ 문제 해결 tip

지점 A에서 출발하여 지점 P까지 가고, 지점 P에서 출발하여 지점 B까지 가야 하므로 곱의 법칙을 이용한다.

숫자 바꿈

7-1 오른쪽 그림과 같은 도로망이 있다. 지점 A에서 지점 P를 거쳐 지점 B까지 최단 거리로 가는 경우의 수를 구하시오.

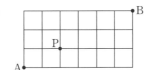

7-2 오른쪽 그림과 같은 도로망이 있다. 지점 P를 거치지 않고 지점 A에서 지점 B까지 최단 거리로 가는 경우의 수를 구하시오.

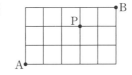

주어진 그림에서 꼭 지나야 하는 점의 위치를 알아보자.

7-3 오른쪽 그림과 같은 도로망이 있다. 지점 A에서 지점 B까지 최단 거리로 가는 경우의 수를 구하시오.

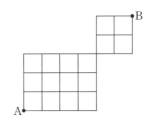

| 필수 예제 01 |

01 서로 다른 두 종류의 음료와 서로 다른 세 종류의 빵을 3명의 학생에게 나누어 주려고 한다. 각 학생에게 음료와 빵을 각각 한 개씩 나누어 주는 경우의 수를 구하시오.

(단, 각 종류의 음료와 빵은 3개 이상씩 있다.)

| 필수 예제 02 |

02 5개의 숫자 1, 2, 3, 4, 5 중에서 중복을 허용하여 3개를 뽑아 세 자리의 자연수를 만들 때, 5를 반드시 포함하는 자연수의 개수는?

① 61   ② 63   ③ 65   ④ 67   ⑤ 69

| 필수 예제 03 |

03 두 집합 $X=\{a, b, c, d\}$, $Y=\{1, 2, 3, 4, 5\}$에 대하여 함수 $f : X \longrightarrow Y$ 중에서 $f(a)+f(b)=6$을 만족시키는 함수 f의 개수는?

① 125   ② 130   ③ 135   ④ 140   ⑤ 145

| 필수 예제 04 |

04 7개의 문자 a, a, b, b, b, c, d를 일렬로 나열할 때, 두 문자 c, d가 이웃하지 않는 경우의 수를 구하시오.

| 필수 예제 04 |

05 두 학생 A, B가 보드게임을 한다. 4번을 먼저 이긴 학생이 승리한다고 할 때, 7번째 게임에서 학생 A가 승리를 확정 짓는 경우의 수는? (단, 매 게임에서 무승부는 없다.)

① 16   ② 17   ③ 18   ④ 19   ⑤ 20

6번째 게임까지 두 학생 A, B가 각각 3번씩 이겨야 한다.

🔖 NOTE

| 필수 예제 05 |

06 7개의 숫자 1, 2, 3, 3, 5, 5, 5를 모두 사용하여 만들 수 있는 일곱 자리의 자연수 중에서 4의 배수의 개수를 구하시오.

4의 배수는 끝의 두 자리의 수가 00 또는 4의 배수이어야 한다.

| 필수 예제 06 |

07 6명의 학생 A, B, C, D, E, F를 일렬로 나열할 때, 학생 A는 학생 B의 왼쪽에, 학생 C는 두 학생 D, E의 오른쪽에 나열하는 경우의 수는?

① 60　　　② 80　　　③ 100　　　④ 120　　　⑤ 140

두 학생 D, E의 순서는 정해지지 않음에 주의한다.

| 필수 예제 07 |

08 오른쪽 그림과 같은 도로망이 있다. 지점 A에서 지점 B까지 최단 거리로 가는 경우의 수는?

① 90　　　　② 95　　　　③ 100
④ 105　　　⑤ 110

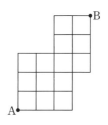

| 필수 예제 03 |

09 교육청 기출

두 집합 $X=\{1, 2, 3, 4, 5\}$, $Y=\{1, 2, 3\}$에 대하여 다음 조건을 만족시키는 함수 $f : X \longrightarrow Y$의 개수는?

집합 X의 모든 원소 x에 대하여 $x \times f(x) \leq 10$이다.

① 102　　　② 105　　　③ 108　　　④ 111　　　⑤ 114

| 필수 예제 06 |

10 교육청 기출

3개의 문자 A, B, C를 포함한 서로 다른 6개의 문자를 모두 한 번씩 사용하여 일렬로 나열할 때, 두 문자 B와 C 사이에 문자 A를 포함하여 1개 이상의 문자가 있도록 나열하는 경우의 수는?

① 180　　　② 200　　　③ 220　　　④ 240　　　⑤ 260

• 정답 및 해설 14쪽

1 다음 ☐ 안에 알맞은 것을 쓰시오.

(1) 서로 다른 n개에서 중복을 허용하여 r개를 택하는 순열을 ☐이라 하고, 이 중복순열의 수를 기호로 ☐와 같이 나타낸다.

(2) 서로 다른 n개에서 r개를 택하는 중복순열의 수는
$${}_n\Pi_r = \boxed{}$$

(3) n개 중에서 서로 같은 것이 각각 p개, q개, $\cdots$, r개씩 있을 때, 이들 n개를 일렬로 나열하는 경우의 수는
$$\frac{\boxed{}}{p! \times q! \times \cdots \times r!} \ (단, \ p+q+\cdots+r=n)$$

2 다음 문장이 옳으면 ○표, 옳지 않으면 ×표를 ( ) 안에 쓰시오.

(1) 서로 다른 n개에서 중복을 허용하여 r개를 택하는 순열의 수는 ${}_n\Pi_r$이다. ( )

(2) ${}_5\Pi_3 = 3^5 = 243$이다. ( )

(3) 두 집합 X, Y의 원소의 개수가 각각 m, n일 때, X에서 Y로의 함수의 개수는 ${}_n\Pi_m$이다. ( )

(4) 7개의 문자 a, b, b, c, c, c, d를 일렬로 나열하는 경우의 수는 $\dfrac{(2+3)!}{2! \times 3!}$이다. ( )

(5) 오른쪽 그림과 같은 도로망이 있다. 지점 A에서 지점 B까지 최단 거리로 가는 경우의 수는 $\dfrac{(2+4)!}{2! \times 4!}$이다.

( )

02

중복조합과
이항정리

02 중복조합과 이항정리

1 중복조합

(1) 중복조합

서로 다른 n개에서 중복을 허용하여 r개를 택하는 조합을
중복조합이라 하고, 이 중복조합의 수를 기호로 $_n\mathrm{H}_r$ **❶**와 같이
나타낸다.

$$\underset{\substack{\uparrow\\ \text{서로 다른} \\ \text{것의 개수}}}{{}_n\mathrm{H}}\underset{\substack{\uparrow\\ \text{중복하여} \\ \text{택하는} \\ \text{것의 개수}}}{{}_r}$$

(2) 중복조합의 수

서로 다른 n개에서 r**❷**개를 택하는 중복조합의 수는

$$_n\mathrm{H}_r={}_{n+r-1}\mathrm{C}_r$$

예 서로 다른 4개에서 2개를 택하는 중복조합의 수는

$$_4\mathrm{H}_2={}_{4+2-1}\mathrm{C}_2={}_5\mathrm{C}_2=\frac{5\times4}{2\times1}=10$$

참고 순열, 조합, 중복순열, 중복조합의 비교

서로 다른 n개에서 r개를 택할 때

	순열	조합	중복순열	중복조합
순서	○	×	○	×
중복	×	×	○	○
기호	$_n\mathrm{P}_r$	$_n\mathrm{C}_r$	$_n\Pi_r$	$_n\mathrm{H}_r$

2 이항정리

(1) 이항정리

자연수 n에 대하여 $(a+b)^n$의 전개식을 조합의 수를 이용하여 나타내면 다음과 같고,
이를 **이항정리**라 한다.

$$(a+b)^n={}_n\mathrm{C}_0 a^n+{}_n\mathrm{C}_1 a^{n-1}b^1+{}_n\mathrm{C}_2 a^{n-2}b^2+\cdots+{}_n\mathrm{C}_r a^{n-r}b^r+\cdots+{}_n\mathrm{C}_n b^n$$

(2) 이항계수

자연수 n에 대하여 $(a+b)^n$의 전개식에서 각 항의 계수

$$_n\mathrm{C}_0,\ {}_n\mathrm{C}_1,\ {}_n\mathrm{C}_2,\ \cdots,\ {}_n\mathrm{C}_r,\ \cdots,\ {}_n\mathrm{C}_n$$

을 **이항계수**라 하고, $_n\mathrm{C}_r a^{n-r}b^r$ **❸**을 $(a+b)^n$의 전개식의 일반항이라 한다.

(3) 이항계수의 성질

모든 자연수 n에 대하여

$$(1+x)^n={}_n\mathrm{C}_0+{}_n\mathrm{C}_1 x+{}_n\mathrm{C}_2 x^2+\cdots+{}_n\mathrm{C}_n x^n \quad \cdots\cdots ㉠$$

에서

① $_n\mathrm{C}_0+{}_n\mathrm{C}_1+{}_n\mathrm{C}_2+\cdots+{}_n\mathrm{C}_n=2^n$　　←㉠의 양변에 $x=1$ 대입

② $_n\mathrm{C}_0-{}_n\mathrm{C}_1+{}_n\mathrm{C}_2-{}_n\mathrm{C}_3+\cdots+(-1)^n{}_n\mathrm{C}_n=0$　　←㉠의 양변에 $x=-1$ 대입

③ $_n\mathrm{C}_0+{}_n\mathrm{C}_2+{}_n\mathrm{C}_4+\cdots=2^{n-1}$　　←(①+②)÷2

④ $_n\mathrm{C}_1+{}_n\mathrm{C}_3+{}_n\mathrm{C}_5+\cdots=2^{n-1}$　　←(①-②)÷2

예 ① $_6\mathrm{C}_0+{}_6\mathrm{C}_1+{}_6\mathrm{C}_2+\cdots+{}_6\mathrm{C}_6=2^6=64$

② $_7\mathrm{C}_0-{}_7\mathrm{C}_1+{}_7\mathrm{C}_2-\cdots-{}_7\mathrm{C}_7=0$

③ ・$_6\mathrm{C}_0+{}_6\mathrm{C}_2+{}_6\mathrm{C}_4+{}_6\mathrm{C}_6={}_6\mathrm{C}_1+{}_6\mathrm{C}_3+{}_6\mathrm{C}_5=2^{6-1}=32$

　・$_7\mathrm{C}_0+{}_7\mathrm{C}_2+{}_7\mathrm{C}_4+{}_7\mathrm{C}_6={}_7\mathrm{C}_1+{}_7\mathrm{C}_3+{}_7\mathrm{C}_5+{}_7\mathrm{C}_7=2^{7-1}=64$

개념 플러스+

❶ $_n\mathrm{H}_r$의 H는 같은 종류를 뜻하는 Homogeneous의 첫 글자이다.

❷ $_n\mathrm{C}_r$에서는 $0\le r\le n$이지만 $_n\mathrm{H}_r$에서는 중복하여 택할 수 있기 때문에 $r>n$일 수도 있다.

※ $a\ne0,\ b\ne0$일 때, $a^0=1,\ b^0=1$로 정한다.

❸ $_n\mathrm{C}_r={}_n\mathrm{C}_{n-r}$이므로 $(a+b)^n$의 전개식에서 $a^{n-r}b^r$의 계수와 $a^r b^{n-r}$의 계수는 같다.

❸ 파스칼의 삼각형

(1) 파스칼의 삼각형

$n=1, 2, 3, \cdots$일 때, $(a+b)^n$의 전개식에서 이항계수를 다음과 같이 차례로 삼각형 모양으로 배열한 것을 **파스칼의 삼각형**이라 한다.

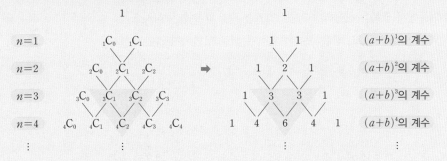

			$(a+b)^1$의 계수
$n=1$	${}_1C_0 \quad {}_1C_1$	$1 \quad 1$	
$n=2$	${}_2C_0 \quad {}_2C_1 \quad {}_2C_2$	$1 \quad 2 \quad 1$	$(a+b)^2$의 계수
$n=3$	${}_3C_0 \quad {}_3C_1 \quad {}_3C_2 \quad {}_3C_3$	$1 \quad 3 \quad 3 \quad 1$	$(a+b)^3$의 계수
$n=4$	${}_4C_0 \quad {}_4C_1 \quad {}_4C_2 \quad {}_4C_3 \quad {}_4C_4$	$1 \quad 4 \quad 6 \quad 4 \quad 1$	$(a+b)^4$의 계수

(2) 파스칼의 삼각형의 성질❹

① 각 단계의 양 끝의 수는 1이다.

② 각 단계의 수의 배열은 좌우 대칭이다.

③ 각 단계의 이웃하는 두 수의 합은 다음 단계의 두 수의 중앙의 수와 같다.

예 ${}_3C_1 + {}_3C_2 = {}_4C_2$

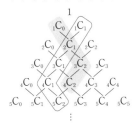

▨ 파스칼의 삼각형에서 다음과 같은 규칙을 확인할 수 있다.

- ${}_1C_0 + {}_2C_1 + {}_3C_2 = {}_4C_2$
- ${}_1C_1 + {}_2C_1 + {}_3C_1 + {}_4C_1 = {}_5C_2$

❹ ① ${}_nC_0 = {}_nC_n = 1$

② ${}_nC_r = {}_nC_{n-r}$

③ ${}_{n-1}C_{r-1} + {}_{n-1}C_r = {}_nC_r$

교과서 개념 확인하기

정답 및 해설 15쪽

1 다음 값을 구하시오.

(1) ${}_5H_3$ (2) ${}_2H_4$ (3) ${}_3H_3$

2 5개의 숫자 1, 2, 3, 4, 5 중에서 2개를 택하는 중복조합의 수를 구하시오.

3 이항정리를 이용하여 다음 식을 전개하시오.

(1) $(x+2y)^4$ (2) $(a-b)^5$

4 다음 값을 구하시오.

(1) ${}_8C_0 + {}_8C_1 + {}_8C_2 + \cdots + {}_8C_8$ (2) ${}_{10}C_0 + {}_{10}C_2 + {}_{10}C_4 + \cdots + {}_{10}C_{10}$

5 오른쪽 파스칼의 삼각형에서 ☐ 안에 알맞은 수를 쓰고, 이를 이용하여 다음 식을 전개하시오.

(1) $(x+y)^5$

(2) $(x-1)^6$

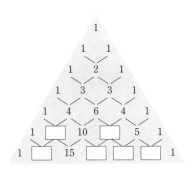

6 다음 값을 ${}_nC_r$의 꼴로 나타내시오.

(1) ${}_5C_2 + {}_5C_3 + {}_6C_4$ (2) ${}_9C_5 + {}_9C_6 + {}_{10}C_7$

02. 중복조합과 이항정리   19

필수 예제 1 중복조합의 수

세 종류의 간식 사탕, 초콜릿, 젤리 중에서 중복을 허용하여 7개를 고르는 경우의 수를 구하시오.
(단, 사탕, 초콜릿, 젤리는 7개 이상씩 있고, 같은 종류의 간식은 서로 구별하지 않는다.)

숫자 바꾸

1-1 네 종류의 과일 사과, 배, 감, 포도 중에서 중복을 허용하여 5개를 구입하는 경우의 수를 구하시오.
(단, 사과, 배, 감, 포도는 5개 이상씩 있고, 같은 종류의 과일은 서로 구별하지 않는다.)

1-2 같은 종류의 구슬 6개를 서로 다른 주머니 5개에 남김없이 넣는 경우의 수를 구하시오.
(단, 빈 주머니가 있을 수 있다.)

먼저 학생 4명에게 공책 한 권씩 나누어 주는 방법을 생각해 보자.

1-3 같은 종류의 공책 10권을 4명의 학생에게 나누어 주려고 한다. 공책을 한 권도 받지 못하는 학생이 없도록 나누어 주는 경우의 수를 구하시오.

필수 예제 2 방정식의 해의 개수

방정식 $x+y+z=8$에 대하여 다음을 구하시오.

(1) x, y, z가 모두 음이 아닌 정수인 해의 개수

(2) x, y, z가 모두 양의 정수인 해의 개수

> **빠지기 쉬운 함정**
>
> x, y, z가 음이 아닌 정수인지 양의 정수(자연수)인지 주의해야 한다. x, y, z가 음이 아닌 정수가 아닐 때에는 치환을 이용하여 음이 아닌 정수로 변환한다.

숫자 바꾼

2-1 방정식 $x+y+z+w=6$에 대하여 다음을 구하시오.

(1) x, y, z, w가 모두 음이 아닌 정수인 해의 개수

(2) x, y, z, w가 모두 양의 정수인 해의 개수

2-2 방정식 $x+y+z=k$를 만족시키는 음이 아닌 정수 x, y, z의 순서쌍 (x, y, z)의 개수가 55일 때, 자연수 k의 값을 구하시오.

2-3 방정식 $x+y+z=12$를 만족시키는 $x \geq 1$, $y \geq 2$, $z \geq 3$인 정수 x, y, z의 순서쌍 (x, y, z)의 개수를 구하시오.

◆ 문제 해결 tip

두 집합 $X = \{a, b, c\}$, $Y = \{1, 2, 3, 4\}$에 대하여 다음을 만족시키는 함수 $f : X \longrightarrow Y$의 개수를 구하시오.

(1) $f(a) < f(b) < f(c)$

(2) $f(a) \leq f(b) \leq f(c)$

(1) 부등식에 등호가 포함되어 있지 않으므로 중복을 허용하지 않는다.

(2) 부등식에 등호가 포함되어 있으므로 중복을 허용한다.

숫자 바꿔

3-1 두 집합 $X = \{a, b, c, d\}$, $Y = \{1, 2, 3, 4, 5, 6\}$에 대하여 다음을 만족시키는 함수 $f : X \longrightarrow Y$의 개수를 구하시오.

(1) $f(a) > f(b) > f(c) > f(d)$

(2) $f(a) \geq f(b) \geq f(c) \geq f(d)$

3-2 두 집합 $X = \{1, 2, 3\}$, $Y = \{1, 2, 3, 4, 5\}$에 대하여 다음 조건을 만족시키는 함수 $f : X \longrightarrow Y$의 개수를 구하시오.

> 집합 X의 임의의 두 원소 x_1, x_2에 대하여 $x_1 < x_2$이면 $f(x_1) \leq f(x_2)$이다.

$f(2) \leq f(3)$인 경우에서 $f(2) = f(3)$인 경우를 제외시키는 방법을 생각해 보자.

3-3 두 집합 $X = \{1, 2, 3, 4\}$, $Y = \{1, 2, 3, 4, 5, 6\}$에 대하여 함수 $f : X \longrightarrow Y$ 중에서 $f(1) \leq f(2) < f(3) \leq f(4)$를 만족시키는 함수 f의 개수를 구하시오.

필수 예제 **4** $(a+b)^n$의 전개식에서의 항의 계수

$(x+3y)^5$의 전개식에서 다음 항의 계수를 구하시오.

(1) x^2y^3 (2) x^4y

> **● 다시 정리하는 개념**
>
> $(a+b)^n$의 전개식의 일반항은
> $_nC_r a^{n-r}b^r$

숫자 바꾼

4-1 $(x^2-2x)^6$의 전개식에서 다음 항의 계수를 구하시오.

(1) x^8 (2) x^{11}

4-2 $(ax+2y)^7$의 전개식에서 x^5y^2의 계수가 -84일 때, 실수 a의 값을 구하시오.

4-3 $\left(x-\dfrac{1}{x}\right)^6$의 전개식에서 x^4의 계수와 $\dfrac{1}{x^2}$의 계수의 합을 구하시오.

필수 예제 **5** **이항계수의 성질**

$_{10}C_1 + _{10}C_2 + _{10}C_3 + \cdots + _{10}C_{10}$의 값을 구하시오.

● **문제 해결 tip**

공식을 무조건 외우기보다는 $(1+x)^n$의 전개식에 $x = \pm 1$을 대입한 것을 이용한다.

숫자 바꾼

5-1 $_8C_1 - _8C_2 + _8C_3 - _8C_4 + \cdots - _8C_8$의 값을 구하시오.

5-2 $_{15}C_1 + _{15}C_3 + _{15}C_5 + \cdots + _{15}C_{15} = p$, $_{12}C_0 + _{12}C_2 + _{12}C_4 + \cdots + _{12}C_{12} = q$라 할 때, $\dfrac{q}{p}$의 값을 구하시오.

5-3 부등식 $2000 < _nC_1 + _nC_2 + _nC_3 + \cdots + _nC_n < 4000$을 만족시키는 자연수 n의 값을 구하시오.

필수 예제 **6** 파스칼의 삼각형

▶ 다시 정리하는 개념

$_4C_0 + {}_5C_1 + {}_6C_2 + {}_7C_3 + {}_8C_4$의 값을 구하시오.

$_{n-1}C_{r-1} + {}_{n-1}C_r = {}_nC_r$

숫자 바꾼

6-1 $_6C_1 + {}_7C_2 + {}_8C_3 + {}_9C_4 + {}_{10}C_5$의 값을 구하시오.

6-2 $_2C_2 + {}_3C_2 + {}_4C_2 + {}_5C_2 + \cdots + {}_8C_2$의 값을 구하시오.

6-3 다음 중 오른쪽 그림과 같이 파스칼의 삼각형에서 색칠한 부분에 있는 수들의 합과 같은 것은?

① $_7C_4$ ② $_7C_5$ ③ $_7C_6$

④ $_8C_5$ ⑤ $_8C_6$

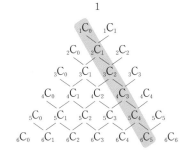

| 필수 예제 01 |

01 다항식 $(a+b+c)^5$의 전개식에서 서로 다른 항의 개수는?

① 21 　　② 22 　　③ 23 　　④ 24 　　⑤ 25

📖 NOTE

| 필수 예제 02 |

02 방정식 $x+y+z+w^2=8$을 만족시키는 음이 아닌 정수 x, y, z, w의 순서쌍 (x, y, z, w)의 개수를 구하시오.

w에 0, 1, 2를 각각 대입하여 방정식의 해를 구한다.

| 필수 예제 03 |

03 두 집합 $X=\{1, 2, 3, 4, 5\}$, $Y=\{6, 7, 8, 9, 10\}$에 대하여 함수 $f : X \longrightarrow Y$ 중에서 $f(1) \leq f(2) \leq f(3)$을 만족시키는 함수 f의 개수는?

① 800 　　② 825 　　③ 850 　　④ 875 　　⑤ 900

| 필수 예제 03 |

04 두 집합 $X=\{a, b, c, d\}$, $Y=\{1, 2, 3, 4, 5\}$에 대하여 다음 조건을 만족시키는 함수 $f : X \longrightarrow Y$의 개수는?

> (가) $f(c)=4$
> (나) $f(a) \leq f(b) \leq f(c) \leq f(d)$

① 16 　　② 17 　　③ 18 　　④ 19 　　⑤ 20

| 필수 예제 04 |

05 실수 a에 대하여 $\left(ax^2+\dfrac{2}{x^3}\right)^4$의 전개식에서 x^3의 계수가 8일 때, $\dfrac{1}{x^7}$의 계수를 구하시오.

NOTE

| 필수 예제 05 |

06 $_{13}\mathrm{C}_0 + _{13}\mathrm{C}_1 + _{13}\mathrm{C}_2 + \cdots + _{13}\mathrm{C}_6$의 값은?

① 2^8 ② 2^9 ③ 2^{10} ④ 2^{11} ⑤ 2^{12}

| 필수 예제 05 |

07 집합 $S = \{x \,|\, x$는 10 이하의 자연수$\}$의 부분집합 중 원소의 개수가 홀수인 집합의 개수를 구하시오.

| 필수 예제 06 |

08 $(1+x) + (1+x)^2 + (1+x)^3 + \cdots + (1+x)^{10}$의 전개식에서 x^2의 계수는?

① 145   ② 150   ③ 155   ④ 160   ⑤ 165

$(1+x)^n$의 전개식의 일반항을 구한다.

| 필수 예제 01 |

09
평가원 기출

빨간색 카드 4장, 파란색 카드 2장, 노란색 카드 1장이 있다. 이 7장의 카드를 세 명의 학생에게 남김없이 나누어 줄 때, 3가지 색의 카드를 각각 한 장 이상 받는 학생이 있도록 나누어 주는 경우의 수는?
(단, 같은 색 카드끼리는 서로 구별하지 않고, 카드를 받지 못하는 학생이 있을 수 있다.)

① 78   ② 84   ③ 90   ④ 96   ⑤ 102

| 필수 예제 04 |

10
교육청 기출

3 이상의 자연수 n에 대하여 다항식 $(x+2)^n$의 전개식에서 x^2의 계수와 x^3의 계수가 같을 때, n의 값은?

① 7   ② 8   ③ 9   ④ 10   ⑤ 11

• 정답 및 해설 20쪽

1 다음 ☐ 안에 알맞은 것을 쓰시오.

(1) 서로 다른 n개에서 중복을 허용하여 r개를 택하는 조합을 ☐이라 하고, 이 중복조합의 수를 기호로 ☐와 같이 나타낸다.

(2) 서로 다른 n개에서 r개를 택하는 중복조합의 수는

$$_n\mathrm{H}_r = {}_{\boxed{}}\mathrm{C}_r$$

(3) 자연수 n에 대하여 $(a+b)^n$의 전개식을 조합의 수를 이용하여 나타내면

$$(a+b)^n = {}_n\mathrm{C}_0 a^n + {}_n\mathrm{C}_1 a^{n-1}b^1 + {}_n\mathrm{C}_{\boxed{}} a^{\boxed{}} b^2 + \cdots + {}_n\mathrm{C}_r a^{n-r} b^r + \cdots + {}_n\mathrm{C}_n b^n$$

(4) 자연수 n에 대하여 $(a+b)^n$의 전개식에서 각 항의 계수

$$_n\mathrm{C}_0,\ {}_n\mathrm{C}_1,\ {}_n\mathrm{C}_2,\ \cdots,\ {}_n\mathrm{C}_r,\ \cdots,\ {}_n\mathrm{C}_n$$

을 ☐라 하고, $(a+b)^n$의 전개식의 일반항은 ☐이다.

(5) $n=1,\ 2,\ 3,\ \cdots$일 때, $(a+b)^n$의 전개식에서 이항계수를 삼각형 모양으로 배열한 것을 ☐이라 한다.

2 다음 문장이 옳으면 ○표, 옳지 않으면 ×표를 ( ) 안에 쓰시오.

(1) 서로 다른 n개에서 중복을 허용하여 r개를 택하는 조합의 수는 $_n\mathrm{H}_r$이다. ( )

(2) $_2\mathrm{H}_4 = {}_5\mathrm{C}_2 = 10$이다. ( )

(3) 방정식 $x+y+z=10$을 만족시키는 음이 아닌 정수 $x,\ y,\ z$의 순서쌍 $(x,\ y,\ z)$의 개수는 $_3\mathrm{H}_{10}$이다. ( )

(4) 두 집합 $X=\{1,\ 2,\ 3\}$, $Y=\{1,\ 2,\ 3,\ 4,\ 5,\ 6\}$에 대하여 함수 $f : X \longrightarrow Y$ 중에서 $f(1) \leq f(2) \leq f(3)$을 만족시키는 함수 f의 개수는 $_3\mathrm{H}_6$이다. ( )

(5) $(x+2)^{10}$의 전개식의 일반항은 $_{10}\mathrm{C}_r x^{10-r} 2^r$이다. ( )

(6) $_{20}\mathrm{C}_1 + {}_{20}\mathrm{C}_2 + {}_{20}\mathrm{C}_3 + \cdots + {}_{20}\mathrm{C}_{20} = 2^{20}$이다. ( )

(7) 파스칼의 삼각형에서 각 단계의 이웃하는 두 수의 합은 다음 단계의 두 수의 중앙의 수와 같다. ( )

03

확률의 개념과 활용

03 확률의 개념과 활용

II. 확률

1 시행과 사건

(1) **시행**: 동일한 조건에서 반복할 수 있고, 그 결과가 우연에 의하여 결정되는 실험이나 관찰

(2) **표본공간❶**: 어떤 시행에서 일어날 수 있는 모든 결과의 집합

(3) **사건❷**: 표본공간의 부분집합

(4) **근원사건**: 한 개의 원소로 이루어진 사건

(5) **전사건**: 어떤 시행에서 반드시 일어나는 사건을 뜻하며, 표본공간 자신의 집합이 된다.

(6) **공사건**: 어떤 시행에서 절대로 일어나지 않는 사건을 뜻하며, 기호로 $\varnothing$과 같이 나타낸다.

(7) 표본공간 S의 두 사건 A, B에 대하여

  ① **합사건**: 사건 A 또는 사건 B가 일어나는 사건 ➡ $A \cup B$

  ② **곱사건**: 사건 A와 사건 B가 동시에 일어나는 사건 ➡ $A \cap B$

  ③ **배반사건**: 사건 A와 사건 B가 동시에 일어나지 않을 때, 즉 $A \cap B = \varnothing$일 때, 사건 A와 사건 B는 서로 배반이라 하고, 이 두 사건 A, B를 서로 **배반사건**이라 한다.

  ④ **여사건**: 어떤 사건 A에 대하여 A가 일어나지 않는 사건을 A의 **여사건**이라 한다.
  ➡ A^c

> [참고] 합사건, 곱사건, 배반사건, 여사건을 각각 벤 다이어그램으로 나타내면 다음과 같다.

합사건

곱사건

배반사건

여사건

2 수학적 확률

(1) **확률**

어떤 시행에서 사건 A가 일어날 가능성을 수로 나타낸 것을 사건 A의 확률이라 하고, 기호로 $\mathrm{P}(A)$❸와 같이 나타낸다.

(2) **수학적 확률**

어떤 시행에서 표본공간 S의 각 근원사건이 일어날 가능성이 모두 같은 정도로 기대될 때, 사건 A가 일어날 확률 $\mathrm{P}(A)$를

$$\mathrm{P}(A) = \frac{n(A)}{n(S)} = \frac{(\text{사건 } A \text{가 일어나는 경우의 수})}{(\text{일어날 수 있는 모든 경우의 수})}$$

로 정의하고, 이를 사건 A가 일어날 **수학적 확률**이라 한다.

(3) **통계적 확률**

같은 시행을 n번 반복할 때, 사건 A가 일어난 횟수를 r_n이라 하면 n이 한없이 커짐에 따라 상대도수 $\dfrac{r_n}{n}$이 일정한 값 p에 가까워진다.

이때 이 값 p를 사건 A가 일어날 **통계적 확률**❹이라 한다.

3 확률의 기본 성질

표본공간이 S인 어떤 시행에서

(1) 임의의 사건 A에 대하여 $0 \leq P(A) \leq 1$

(2) 반드시 일어나는 사건 S에 대하여 $P(S) = 1$

(3) 절대로 일어나지 않는 사건 $\varnothing$에 대하여 $P(\varnothing) = 0$

4 확률의 덧셈정리

표본공간 S의 두 사건 A, B에 대하여

(1) 두 사건 A 또는 B가 일어날 확률은
$$P(A \cup B) = P(A) + P(B) - P(A \cap B)$$

(2) 두 사건 A와 B가 서로 배반사건이면
$$P(A \cup B) = P(A) + P(B)$$

5 여사건의 확률 ⑤

표본공간 S의 사건 A에 대하여 여사건 A^C의 확률은
$$P(A^C) = 1 - P(A)$$

개념 플러스⁺

▪ 두 사건 A와 B가 서로 배반사건이면
$A \cap B = \varnothing$이므로
$P(A \cap B) = 0$

⑤ '적어도 ~인 사건', '~ 이상(이하)인 사건', '~가 아닌 사건' 등의 확률을 구할 때, 여사건의 확률을 이용하면 더 편리하다.

교과서 개념 확인하기

정답 및 해설 20쪽

1 한 개의 주사위를 던지는 시행에서 다음을 구하시오.

(1) 표본공간

(2) 짝수의 눈이 나오는 사건

2 표본공간 $S = \{1, 2, 3, 4, 5, 6\}$의 세 사건 $A = \{1, 2, 3\}$, $B = \{2, 4\}$, $C = \{4, 5\}$에 대하여 다음을 구하시오.

(1) $A \cup B$

(2) $B \cap C$

(3) B^C

(4) A, B, C 중 서로 배반사건인 두 사건

3 1부터 10까지의 자연수가 하나씩 적힌 10장의 카드 중에서 임의로 한 장을 뽑을 때, 뽑은 카드에 적힌 수가 소수일 확률을 구하시오.

4 어느 윷짝 1개를 400번 던졌더니 평평한 면이 240번 나왔다고 한다. 이 윷짝을 임의로 한 번 던질 때, 평평한 면이 나올 확률을 구하시오.

5 한 개의 주사위를 한 번 던질 때, 나온 눈의 수가 3의 배수이거나 홀수일 확률을 구하시오.

6 표본공간 $S = \{1, 2, 3, \cdots, 10\}$의 사건 $A = \{1, 3, 5\}$에 대하여 $P(A^C)$을 구하시오.

필수 예제 1 시행과 사건

한 개의 주사위를 던지는 시행에서 소수의 눈이 나오는 사건을 A, 짝수의 눈이 나오는 사건을 B라 할 때, 다음 사건을 구하시오.

(1) $A \cup B$
(2) $A \cap B$
(3) A^C

● 단원 밖의 개념

집합에서의 $A \cup B$, $A \cap B$, A^C

· $A \cup B$
　$= \{x \mid x \in A \text{ 또는 } x \in B\}$
· $A \cap B$
　$= \{x \mid x \in A \text{ 그리고 } x \in B\}$
· A^C
　$= \{x \mid x \in U \text{ 그리고 } x \notin A\}$
　　　(단, U는 전체집합)

숫자 바꿔

1-1 1부터 10까지의 자연수 중에서 임의로 하나를 택하는 시행에서 홀수를 택하는 사건을 A, 3의 배수를 택하는 사건을 B라 할 때, 다음 사건을 구하시오.

(1) $A \cup B$
(2) $A \cap B$
(3) B^C

1-2 한 개의 주사위를 던지는 시행에서 홀수의 눈이 나오는 사건을 A, 3의 배수의 눈이 나오는 사건을 B라 할 때, 사건 $A \cup B$의 여사건을 구하시오.

> 각각의 사건을 구한 후 | **보기** |의 두 사건의 교집합이 공집합인지 확인해 보자.

1-3 11부터 20까지의 자연수가 하나씩 적힌 10장의 카드 중에서 임의로 한 장의 카드를 뽑을 때, 뽑은 카드에 적힌 수가 짝수인 사건을 A, 6과 서로소인 사건을 B, 5의 배수인 사건을 C라 하자. 다음 | **보기** | 중 서로 배반사건인 것을 모두 고른 것은?

┤ 보기 ├
　ㄱ. A와 B　　　　　ㄴ. A와 C　　　　　ㄷ. B와 C

① ㄱ　　　　② ㄴ　　　　③ ㄱ, ㄷ　　　　④ ㄴ, ㄷ　　　　⑤ ㄱ, ㄴ, ㄷ

필수 예제 **2** 수학적 확률

서로 다른 두 개의 주사위를 동시에 던질 때, 나오는 두 눈의 수의 합이 10일 확률을 구하시오.

다시 정리하는 개념

수학적 확률
어떤 시행에서 표본공간 S의 각 근원사건이 일어날 가능성이 모두 같은 정도로 기대될 때, 사건 A가 일어날 확률 $P(A)$는
$P(A)$
$= \dfrac{n(A)}{n(S)}$
$= \dfrac{(\text{사건 } A \text{가 일어나는 경우의 수})}{(\text{일어날 수 있는 모든 경우의 수})}$

숫자 바꾼
2-1 서로 다른 두 개의 주사위를 동시에 던질 때, 나오는 두 눈의 수의 차가 2일 확률을 구하시오.

2-2 다섯 개의 수 1, 3, 5, 7, 9 중에서 임의로 선택한 수를 a, 네 개의 수 2, 4, 6, 8 중에서 임의로 선택한 수를 b라 하자. $a \times b \geq 28$일 확률을 구하시오.

2-3 한 개의 주사위를 두 번 던질 때, 나오는 두 눈의 수의 합이 4의 배수일 확률을 구하시오.

필수 예제 3 순열을 이용한 수학적 확률

A, B를 포함한 5명을 임의로 일렬로 세울 때, A, B가 서로 이웃할 확률을 구하시오.

◉ 단원 밖의 공식

$(1)\,_n\mathrm{P}_r = n(n-1)(n-2)\times\cdots$
$\times (n-r+1)$
$(단,\, 0 < r \le n)$

$(2)\, n! = n(n-1)(n-2)\times\cdots$
$\times 1$

$(3)\,_n\Pi_r = n^r$

숫자 바꾼

3-1 1학년 학생 3명과 2학년 학생 3명을 임의로 일렬로 세울 때, 양 끝에 2학년 학생이 서게 될 확률을 구하시오.

3-2 4개의 숫자 1, 2, 3, 4 중에서 중복을 허용하여 2개를 뽑아 두 자리의 자연수를 만들 때, 3이 포함되지 않을 확률을 구하시오.

필수 예제 4 조합을 이용한 수학적 확률

사과 3개, 배 6개가 들어 있는 바구니에서 임의로 3개의 과일을 동시에 꺼낼 때, 사과 1개, 배 2개를 꺼낼 확률을 구하시오. (단, 같은 종류의 과일은 서로 구별하지 않는다.)

◉ 단원 밖의 공식

$(1)\,_n\mathrm{C}_r = \dfrac{_n\mathrm{P}_r}{r!}$ (단, $0 \le r \le n$)

$(2)\,_n\mathrm{H}_r = {}_{n+r-1}\mathrm{C}_r$

숫자 바꾼

4-1 두 학생 A, B를 포함한 10명의 학생 중에서 임의로 4명의 대표를 뽑을 때, 두 학생 A, B를 포함하여 4명의 대표를 뽑을 확률을 구하시오.

4-2 방정식 $x+y+z=8$을 만족시키는 음이 아닌 정수 x, y, z의 순서쌍 (x, y, z) 중에서 임의로 하나를 택할 때, $y=3$일 확률을 구하시오.

필수 예제 **5** 확률의 덧셈정리

1부터 50까지의 자연수가 하나씩 적힌 50장의 카드 중에서 임의로 한 장의 카드를 뽑을 때, 다음을 구하시오.

(1) 카드에 적힌 수가 짝수 또는 3의 배수일 확률

(2) 카드에 적힌 수가 5의 배수 또는 12의 약수일 확률

◉ 빠지기 쉬운 함정

확률의 덧셈정리를 이용하는 문제는 두 사건이 서로 배반사건인지 아닌지 반드시 확인해야 한다. 즉, $P(A \cap B) = 0$인지 아닌지 확인하자.

숫자 바꿔

5-1 서로 다른 두 개의 주사위를 동시에 던질 때, 다음을 구하시오.

(1) 나오는 두 눈의 수가 같거나 두 눈의 수의 곱이 홀수일 확률

(2) 나오는 두 눈의 수의 합이 4이거나 차가 4일 확률

5-2 어느 마을의 60가구를 대상으로 재배하는 과일을 조사하였더니 사과를 재배하는 가구가 20가구, 배를 재배하는 가구가 15가구, 사과와 배를 모두 재배하는 가구가 8가구이었다. 이 마을의 60가구 중에서 임의로 한 가구를 선택하였을 때, 그 가구가 사과 또는 배를 재배하는 가구일 확률을 구하시오.

5-3 빨간 구슬 5개, 파란 구슬 3개가 들어 있는 주머니에서 임의로 3개의 구슬을 동시에 꺼낼 때, 꺼낸 세 구슬의 색이 모두 같을 확률을 구하시오.

필수 예제 6 확률의 계산

표본공간 S의 두 사건 A, B에 대하여

$$P(A)=\frac{1}{2}, \ P(B^c)=\frac{3}{5}, \ P(A\cup B)=\frac{7}{10}$$

일 때, $P(A\cap B)$를 구하시오. (단, B^c은 B의 여사건이다.)

● 다시 정리하는 개념

(1) $P(A\cup B)$
  $=P(A)+P(B)$
  $\qquad\quad -P(A\cap B)$
(2) $P(A^c)=1-P(A)$

숫자 바꾼

6-1 표본공간 S의 두 사건 A, B에 대하여

$$P(A)=\frac{1}{4}, \ P(B)=\frac{1}{3}, \ P(A\cup B)=\frac{5}{12}$$

일 때, $P(A^c\cup B^c)$을 구하시오. (단, A^c, B^c은 각각 A, B의 여사건이다.)

6-2 표본공간 S의 두 사건 A, B는 서로 배반사건이고

$$P(A\cup B)=\frac{2}{3}, \ P(A)=\frac{2}{9}$$

일 때, $P(B^c)$을 구하시오. (단, B^c은 B의 여사건이다.)

두 집합 A, B에 대하여 $A^c\cap B=B-(A\cap B)$

6-3 표본공간 S의 두 사건 A, B에 대하여

$$P(A)=\frac{1}{3}, \ P(A^c\cap B)=\frac{1}{4}$$

일 때, $P(A^c\cap B^c)$을 구하시오. (단, A^c, B^c은 각각 A, B의 여사건이다.)

필수 예제 7 여사건의 확률

초콜릿 4개, 쿠키 5개가 들어 있는 상자에서 임의로 3개를 동시에 꺼낼 때, 적어도 한 개의 초콜릿을 꺼낼 확률을 구하시오.

▶ 빠지기 쉬운 함정

여사건의 확률을 이용하는 문제는 구한 확률을 1에서 빼주는 것을 잊는 경우가 종종 있으므로 주의한다.

숫자 바꾼

7-1 4개의 불량품이 포함된 10개의 제품 중에서 임의로 2개의 제품을 동시에 택할 때, 적어도 한 개가 불량품일 확률을 구하시오.

7-2 서로 다른 두 개의 주사위를 동시에 던질 때, 나오는 두 눈의 수의 곱이 짝수일 확률을 구하시오.

7-3 6명의 학생 A, B, C, D, E, F를 임의로 일렬로 세울 때, E와 F가 서로 이웃하지 않을 확률을 구하시오.

| 필수 예제 01 |

01 1부터 7까지의 자연수가 하나씩 적힌 7장의 카드 중에서 임의로 한 장을 뽑을 때, 6의 약수가 적힌 카드를 뽑는 사건을 A라 하자. 사건 A와 서로 배반인 사건의 개수는?

① 6   ② 7   ③ 8   ④ 9   ⑤ 10

| 필수 예제 02 |

02 한 개의 주사위를 세 번 던져서 나오는 눈의 수를 차례대로 a, b, c라 할 때, $|a-1|+|b-2|+|c-3|=2$가 성립할 확률은?

① $\dfrac{1}{36}$ ② $\dfrac{1}{18}$ ③ $\dfrac{1}{12}$ ④ $\dfrac{1}{9}$ ⑤ $\dfrac{5}{36}$

| 필수 예제 03 |

03 6개의 문자 a, b, c, d, e, f를 임의로 일렬로 나열할 때, c가 a, b보다 앞에 올 확률은?

① $\dfrac{1}{6}$ ② $\dfrac{1}{5}$ ③ $\dfrac{1}{4}$ ④ $\dfrac{1}{3}$ ⑤ $\dfrac{1}{2}$

| 필수 예제 04 |

04 집합 $X=\{1, 2, 3\}$에 대하여 함수 $f: X \longrightarrow X$ 중에서 임의로 하나를 택할 때, $f(1) \leq f(2)$를 만족시킬 확률을 구하시오.

| 필수 예제 05 |

05 예나와 준서를 포함한 학생 7명을 임의로 일렬로 세울 때, 예나가 맨 앞 또는 준서가 맨 뒤에 설 확률은?

① $\dfrac{1}{6}$ ② $\dfrac{4}{21}$ ③ $\dfrac{3}{14}$ ④ $\dfrac{5}{21}$ ⑤ $\dfrac{11}{42}$

| 필수 예제 05 |

06 빨간 색연필 4자루, 파란 색연필 3자루가 들어 있는 필통에서 임의로 3자루의 색연필을 동시에 꺼낼 때, 두 가지 색의 색연필을 모두 꺼낼 확률을 구하시오.

📖 NOTE

빨간 색연필과 파란 색연필을 몇 자루씩 꺼내야 하는지 경우를 나누어 각각의 확률을 구한다.

| 필수 예제 06 |

07 표본공간 S의 두 사건 A, B에 대하여

$$P(A^c) = \frac{3}{4}, \ P(B) = \frac{7}{12}, \ P(A \cap B^c) = \frac{1}{6}$$

일 때, $P(A \cup B)$는? (단, A^c, B^c은 각각 A, B의 여사건이다.)

① $\frac{1}{2}$　　② $\frac{7}{12}$　　③ $\frac{2}{3}$　　④ $\frac{3}{4}$　　⑤ $\frac{5}{6}$

| 필수 예제 07 |

08 1학년 학생 4명과 2학년 학생 5명 중에서 임의로 4명의 학생을 뽑을 때, 2학년 학생을 적어도 2명 이상 뽑을 확률을 구하시오.

| 필수 예제 02 |

09 수능 기출　주머니 속에 2부터 8까지의 자연수가 하나씩 적힌 구슬 7개가 들어 있다. 이 주머니에서 임의로 2개의 구슬을 동시에 꺼낼 때, 꺼낸 구슬에 적힌 두 자연수가 서로소일 확률은?

① $\frac{8}{21}$　　② $\frac{10}{21}$　　③ $\frac{4}{7}$　　④ $\frac{2}{3}$　　⑤ $\frac{16}{21}$

| 필수 예제 07 |

10 수능 기출　1부터 10까지 자연수가 하나씩 적힌 10장의 카드가 들어 있는 주머니가 있다. 이 주머니에서 임의로 카드 3장을 동시에 꺼낼 때, 꺼낸 카드에 적힌 세 자연수 중에서 가장 작은 수가 4 이하이거나 7 이상일 확률은?

① $\frac{4}{5}$　　② $\frac{5}{6}$　　③ $\frac{13}{15}$

④ $\frac{9}{10}$　　⑤ $\frac{14}{15}$

• 정답 및 해설 26쪽

1 다음 ☐ 안에 알맞은 것을 쓰시오.

(1) 사건 A와 사건 B가 동시에 일어나지 않을 때, 즉 $A \cap B = $☐일 때, 사건 A와 사건 B는 서로 배반이라 하고, 이 두 사건 A, B를 서로 ☐이라 한다.

(2) 어떤 사건 A에 대하여 A가 일어나지 않는 사건을 A의 ☐이라 한다.

(3) 어떤 시행에서 사건 A가 일어날 가능성을 수로 나타낸 것을 사건 A가 일어날 확률이라 하고, 기호로 ☐와 같이 나타낸다.

(4) 어떤 시행에서 표본공간 S의 각 근원사건이 일어날 가능성이 모두 같은 정도로 기대될 때, 사건 A의 수학적 확률은
$$P(A) = \frac{\boxed{}}{n(S)} = \frac{(\text{사건 } A \text{가 일어나는 경우의 수})}{(\text{일어날 수 있는 모든 경우의 수})}$$

(5) 표본공간 S의 두 사건 A, B에 대하여 두 사건 A 또는 B가 일어날 확률은
$$P(A \cup B) = P(A) + P(B) - \boxed{}$$

(6) 표본공간 S의 사건 A에 대하여 여사건 A^c의 확률은
$$P(A^c) = 1 - \boxed{}$$

2 다음 문장이 옳으면 ○표, 옳지 않으면 ×표를 ( ) 안에 쓰시오.

(1) 두 사건 $A = \{1, 2, 3\}$, $B = \{3, 4, 5\}$에 대하여 $A \cup B = \{1, 2, 3, 4, 5\}$이다. (   )

(2) 사건 A와 그 여사건 A^c은 서로 배반사건이다. (   )

(3) 각 면에 1, 1, 1, 2, 2, 3이 하나씩 적힌 주사위 한 개를 던졌을 때 1이 나올 확률은 $\frac{1}{3}$이다. (   )

(4) 어떤 농구 선수가 자유투를 360번 중 240번 성공하였다면 이 선수가 한 번의 자유투를 시도할 때, 성공할 통계적 확률은 $\frac{2}{3}$이다. (   )

(5) 표본공간 S의 두 사건 A, B에 대하여 $P(A) = \frac{1}{2}$, $P(B) = \frac{1}{2}$이면 $P(A \cup B) = 1$이다. (   )

(6) $P(A) + P(A^c) \neq 1$을 만족시키는 사건 A가 존재한다. (   )

04

조건부확률

04 조건부확률

1 조건부확률

(1) 표본공간 S의 두 사건 A, B에 대하여 확률이 0이 아닌 사건 A가 일어났다고 가정할 때 사건 B가 일어날 확률을 사건 A가 일어났을 때의 사건 B의 **조건부확률**이라 하고, 기호로 $\mathrm{P}(B|A)$와 같이 나타낸다.

(2) 사건 A가 일어났을 때의 사건 B의 조건부확률은

$$\mathrm{P}(B|A)=\frac{n(A\cap B)}{n(A)}\overset{❶}{=}\frac{\mathrm{P}(A\cap B)}{\mathrm{P}(A)} \text{ (단, } \mathrm{P}(A)>0❷)$$

참고 $\mathrm{P}(A\cap B)$와 $\mathrm{P}(B|A)$의 비교

(1) $\mathrm{P}(A\cap B)$: 표본공간 S에서 사건 A와 사건 B가 동시에 일어날 확률

(2) $\mathrm{P}(B|A)$: 사건 A를 표본공간으로 생각할 때, 사건 A 안에서 사건 $A\cap B$가 일어날 확률

$\mathrm{P}(A\cap B)$ $\mathrm{P}(B|A)$

2 확률의 곱셈정리

두 사건 A, B가 동시에 일어날 확률은

$$\mathrm{P}(A\cap B)=\mathrm{P}(A)\mathrm{P}(B|A) \text{ (단, } \mathrm{P}(A)>0)$$
$$=\mathrm{P}(B)\mathrm{P}(A|B) \text{ (단, } \mathrm{P}(B)>0)$$

3 사건의 독립과 종속

(1) **독립**

두 사건 A, B에 대하여 사건 A가 일어나는 것이 사건 B가 일어날 확률에 영향을 주지 않을 때, 즉

$$\mathrm{P}(B|A)=\mathrm{P}(B|A^C)=\mathrm{P}(B)❸$$

일 때, 두 사건 A, B는 서로 **독립**이라 한다.

(2) **종속**

두 사건 A, B가 서로 독립이 아닐 때, 즉

$$\mathrm{P}(B|A)\neq\mathrm{P}(B) \text{ 또는 } \mathrm{P}(B|A)\neq\mathrm{P}(B|A^C)$$

일 때, 두 사건 A, B는 서로 **종속**이라 한다.

참고 $\mathrm{P}(A)>0$, $\mathrm{P}(B)>0$인 두 사건 A, B에 대하여

(1) A, B가 서로 배반사건이면 $\mathrm{P}(A\cap B)=0$이므로 두 사건 A, B는 서로 종속이다.

(2) A, B가 서로 독립이면 두 사건 A, B는 서로 배반사건이 아니다. ← (1)의 명제의 대우이다.

(3) **두 사건이 서로 독립일 조건**

두 사건 A, B가 서로 독립이기 위한 필요충분조건은

$$\mathrm{P}(A\cap B)=\mathrm{P}(A)\mathrm{P}(B) \text{ (단, } \mathrm{P}(A)>0, \mathrm{P}(B)>0)$$

참고 두 사건 A, B가 서로 종속이기 위한 필요충분조건은 $\mathrm{P}(A\cap B)\neq\mathrm{P}(A)\mathrm{P}(B)$이다.

개념 플러스⁺

❶ $\dfrac{n(A\cap B)}{n(A)}$는 사건 A를 새로운 표본공간으로 생각하고 사건 A 안에서 사건 $A\cap B$가 일어날 확률을 뜻한다.

❷ $\mathrm{P}(B|A)$는 사건 A가 일어났을 때의 사건 B의 확률이므로 $\mathrm{P}(A)=0$일 때는 다루지 않는다.

▪ $\mathrm{P}(B|A)=\dfrac{\mathrm{P}(A\cap B)}{\mathrm{P}(A)}$의 양변에 $\mathrm{P}(A)$를 곱하면 $\mathrm{P}(A\cap B)=\mathrm{P}(A)\mathrm{P}(B|A)$

❸ $\mathrm{P}(A|B)=\mathrm{P}(A|B^C)=\mathrm{P}(A)$일 때도 두 사건 A, B는 서로 독립이다.

▪ 두 사건 A, B가 서로 독립이면 A^C과 B, A와 B^C, A^C과 B^C도 각각 서로 독립이다.

4 독립시행의 확률

(1) 독립시행

동전이나 주사위를 여러 번 던지는 것처럼 동일한 시행을 반복하는 경우에 각 시행에서 일어나는 사건이 서로 독립이면 이와 같은 시행을 **독립시행**이라 한다.

(2) 독립시행의 확률

어떤 시행에서 사건 A가 일어날 확률이 $p\,(0<p<1)$일 때, 이 시행을 n회 반복하는 독립시행에서 사건 A가 r회 일어날 확률은

$${}_n\mathrm{C}_r p^r (1-p)^{n-r}\ \text{(단, }r=0,\ 1,\ 2,\ \cdots,\ n)$$

■ $a \neq 0$일 때, $a^0 = 1$로 정의한다.

교과서 개념 확인하기

정답 및 해설 27쪽

1 표본공간 $S=\{1,\ 2,\ 3,\ 4,\ 5,\ 6\}$의 두 사건 $A=\{1,\ 2,\ 3,\ 4\}$, $B=\{3,\ 4,\ 5\}$에 대하여 다음을 구하시오.

(1) $\mathrm{P}(B|A)$ (2) $\mathrm{P}(A|B)$

2 두 사건 A, B에 대하여 $\mathrm{P}(A)=\dfrac{7}{12}$, $\mathrm{P}(B)=\dfrac{1}{2}$, $\mathrm{P}(B|A)=\dfrac{4}{7}$일 때, 다음을 구하시오.

(1) $\mathrm{P}(A\cap B)$ (2) $\mathrm{P}(A|B)$

3 표본공간 $S=\{1,\ 2,\ 3,\ 4,\ 5,\ 6\}$의 세 사건 $A=\{1,\ 3,\ 5\}$, $B=\{1,\ 2,\ 3,\ 6\}$, $C=\{3,\ 6\}$에 대하여 다음 두 사건이 서로 독립인지 종속인지 말하시오.

(1) A와 B (2) A와 C (3) B와 C

4 두 사건 A, B가 서로 독립이고 $\mathrm{P}(A)=\dfrac{1}{3}$, $\mathrm{P}(B)=\dfrac{1}{4}$일 때, 다음을 구하시오.

(단, A^c, B^c은 각각 A, B의 여사건이다.)

(1) $\mathrm{P}(A\cap B)$ (2) $\mathrm{P}(A^c\cap B)$

(3) $\mathrm{P}(A\cap B^c)$ (4) $\mathrm{P}(A^c\cap B^c)$

5 한 개의 동전을 6번 던질 때, 다음을 구하시오.

(1) 앞면이 3번 나올 확률

(2) 앞면이 5번 나올 확률

04. 조건부확률   43

필수 예제 1 조건부확률의 계산

두 사건 A, B에 대하여 $P(A)=\dfrac{1}{4}$, $P(B^c)=\dfrac{1}{3}$, $P(B|A)=\dfrac{1}{3}$일 때, $P(A|B)$를 구하시오.
(단, B^c은 B의 여사건이다.)

● 다시 정리하는 개념

$P(B|A)=\dfrac{P(A\cap B)}{P(A)}$
(단, $P(A)>0$)

숫자 바꿘
1-1 두 사건 A, B에 대하여 $P(A)=P(B|A)=\dfrac{1}{2}$, $P(A|B)=\dfrac{2}{5}$일 때, $P(B)$를 구하시오.

1-2 두 사건 A, B에 대하여 $P(A)=\dfrac{1}{3}$, $P(A\cup B)=\dfrac{4}{9}$일 때, $P(B^c|A^c)$을 구하시오.
(단, A^c, B^c은 각각 A, B의 여사건이다.)

확률의 덧셈정리를 이용하여 $P(A\cap B)$를 구해 보자.

1-3 두 사건 A, B에 대하여 $P(A)=\dfrac{1}{4}$, $P(B)=\dfrac{5}{12}$, $P(A^c\cap B^c)=\dfrac{1}{2}$일 때,
$P(A|B)$를 구하시오. (단, A^c, B^c은 각각 A, B의 여사건이다.)

필수 예제 **2** 조건부확률

오른쪽 표는 어느 학교의 학생 300명을 대상으로 수학과 영어 중 선호하는 과목을 조사한 것이다. 이 300명의 학생 중에서 임의로 뽑은 한 명이 남학생일 때, 이 남학생이 수학을 선호할 확률을 구하시오.

(단위: 명)

	남	여	합계
수학	126	54	180
영어	36	84	120
합계	162	138	300

▶ 빠지기 쉬운 함정

$P(B|A) \neq P(A|B)$이므로 문제 내에서 새롭게 정의되는 표본공간을 정확히 알고 구해야 한다.

숫자 바꾼

2-1 오른쪽 표는 어느 가게에서 하루 동안 음료를 구입한 손님 200명을 대상으로 주문한 음료를 조사한 것이다. 이 200명의 손님 중에서 임의로 뽑은 한 명이 여성일 때, 이 여성이 콜라를 주문했을 확률을 구하시오. (단, 음료는 사이다와 콜라 중 한 개만 주문할 수 있다.)

(단위: 명)

	사이다	콜라	합계
남성	23	57	80
여성	84	36	120
합계	107	93	200

2-2 1부터 10까지의 자연수 중에서 임의로 하나를 택하는 시행을 한다. 이 시행에서 택한 수가 홀수일 때, 그 수가 소수일 확률을 구하시오.

2-3 어느 반 학생 중 혈액형이 O형인 학생은 전체의 45 %이고, O형인 여학생은 전체의 15 %이다. 이 반 전체 학생 중에서 임의로 뽑은 한 학생의 혈액형이 O형일 때, 이 학생이 여학생일 확률을 구하시오.

필수 예제 **3** 확률의 곱셈정리

소설책 4권, 참고서 6권이 꽂혀 있는 책꽂이에서 임의로 책 2권을 한 권씩 꺼내려고 한다. 첫 번째에는 소설책, 두 번째에는 참고서를 꺼낼 확률을 구하시오. (단, 꺼낸 책은 다시 꽂지 않는다.)

> ● **다시 정리하는 개념**
>
> $P(A \cap B) = P(A)P(B|A)$
> $\qquad\qquad = P(B)P(A|B)$
> (단, $P(A) > 0$, $P(B) > 0$)

숫자 바꿔

3-1 흰 공 3개와 검은 공 4개가 들어 있는 주머니에서 임의로 공 2개를 한 개씩 꺼내려고 한다. 두 번째에만 검은 공을 꺼낼 확률을 구하시오. (단, 꺼낸 공은 다시 넣지 않는다.)

3-2 빨간 구슬 6개, 파란 구슬 k개가 들어 있는 주머니에서 임의로 구슬 2개를 한 개씩 꺼낼 때, 두 번 모두 빨간 구슬을 꺼낼 확률이 $\dfrac{1}{3}$이다. 자연수 k의 값을 구하시오.

(단, 꺼낸 구슬은 다시 넣지 않는다.)

> 상자 B를 택하고, 상자 B에서 사과를 택하는 경우로 생각해 보자.

3-3 상자 A에는 사과 5개, 배 3개가 들어 있고, 상자 B에는 사과 4개, 배 8개가 들어 있다. 두 상자 A, B에서 임의로 한 상자를 택하여 과일 한 개를 꺼낼 때, 그 과일이 상자 B에 들어 있는 사과일 확률을 구하시오.

필수 예제 **4** 독립사건의 확률의 계산

두 사건 A, B가 서로 독립이고 $P(B)=\dfrac{2}{3}$, $P(A\cap B)=\dfrac{1}{5}$일 때, $P(A)$를 구하시오.

▶ 문제 해결 tip

두 사건 A, B가 서로 독립이면
$P(A\cap B)=P(A)P(B)$,
$P(A^c\cap B)=P(A^c)P(B)$,
$P(A\cap B^c)=P(A)P(B^c)$,
$P(A^c\cap B^c)=P(A^c)P(B^c)$
(단, $P(A)>0$, $P(B)>0$)

숫자 바꿈

4-1 두 사건 A, B가 서로 독립이고 $P(A)=\dfrac{1}{3}$, $P(A\cap B)=\dfrac{2}{15}$일 때, $P(A\cup B)$를 구하시오.

4-2 두 사건 A, B가 서로 독립이고 $P(A)=\dfrac{2}{5}$, $P(A\cap B^c)=\dfrac{1}{3}P(A\cup B^c)$일 때, $P(B)$를 구하시오. (단, B^c은 B의 여사건이다.)

4-3 두 사건 A, B가 서로 독립이고 $P(A)=\dfrac{1}{5}$, $P(A^c\cup B)=\dfrac{13}{15}$일 때, $P(A^c\cap B)$를 구하시오. (단, A^c은 A의 여사건이다.)

필수 예제 **5** 독립사건의 확률

한 개의 주사위를 던질 때, 짝수의 눈이 나오는 사건을 A, 소수의 눈이 나오는 사건을 B, 6의 약수의 눈이 나오는 사건을 C라 하자. 다음 두 사건이 서로 독립인지 종속인지 말하시오.

(1) A와 B

(2) B와 C

● **문제 해결 tip**

일반적으로 독립과 종속을 판별할 때, 독립과 종속의 정의를 이용하는 것보다 독립이기 위한 필요충분조건을 이용하는 것이 더 편리하다.

표현 바꿈

5-1 1부터 20까지의 자연수가 하나씩 적힌 카드 20장 중에서 임의로 한 장을 택할 때, 홀수가 적힌 카드를 택하는 사건을 A, 4의 배수가 적힌 카드를 택하는 사건을 B, 3의 배수가 적힌 카드를 택하는 사건을 C라 하자. 다음 | **보기** | 중 옳은 것을 모두 고른 것은?

| **보기** |
ㄱ. 두 사건 A, B는 서로 배반사건이다.
ㄴ. 두 사건 A, C는 서로 독립이다.
ㄷ. 두 사건 B, C는 서로 종속이다.

① ㄱ   ② ㄴ   ③ ㄱ, ㄴ   ④ ㄴ, ㄷ   ⑤ ㄱ, ㄴ, ㄷ

5-2 오른쪽 표는 어느 학년의 학생 135명을 대상으로 라면과 김밥 중 선호하는 메뉴를 조사한 것이다. 이 학년의 학생 135명 중에서 임의로 1명을 뽑을 때, 이 학생이 라면을 선호하는 사건과 여학생인 사건이 서로 독립인지 종속인지 말하시오.

(단위: 명)

	남	여	합계
라면	20	40	60
김밥	25	50	75
합계	45	90	135

5-3 두 양궁 선수 A, B가 한 발의 화살을 쏘아 과녁을 맞힐 확률이 각각 80 %, 90 %라 한다. 이 두 선수의 결과가 서로 영향을 주지 않을 때, 두 선수 모두 한 발의 화살을 쏘아 과녁을 맞힐 확률을 구하시오.

필수 예제 **6** 독립시행의 확률

한 개의 주사위를 5번 던질 때, 3의 배수의 눈이 4번 이상 나올 확률을 구하시오.

◉ 문제 해결 tip

다음 각 시행은 독립시행이다.
• 주사위를 반복해서 던지는 시행
• 동전을 반복해서 던지는 시행
• 확률이 p인 게임을 반복하는 시행

숫자 바꾼

6-1 서로 다른 동전 2개를 동시에 던지는 시행을 6번 반복할 때, 한 개의 동전만 앞면이
나오는 사건이 3번 또는 5번 일어날 확률을 구하시오.

6-2 어떤 농구 선수의 자유투 성공률은 $\dfrac{3}{4}$이라 한다. 이 선수가 자유투를 5번 할 때, 2번 이상
성공할 확률을 구하시오. (단, 자유투를 하는 시행은 독립시행이다.)

6-3 크기와 모양이 같은 빨간 공 6개와 파란 공 3개가 들어 있는 주머니에서 한 개의 공을
임의로 꺼내어 그 색깔을 확인한 후 다시 주머니 안에 넣는다. 이와 같은 시행을 5번 반
복할 때, 파란 공이 3번 나오되 5번째에는 반드시 파란 공이 나올 확률을 구하시오.

| 필수 예제 01 |

01

두 사건 A, B가 서로 배반사건이고 $P(A)=\dfrac{1}{4}$, $P(B)=\dfrac{1}{2}$일 때, $P(B|A^c)$은?

(단, A^c은 A의 여사건이다.)

① $\dfrac{7}{12}$　　② $\dfrac{2}{3}$　　③ $\dfrac{3}{4}$　　④ $\dfrac{5}{6}$　　⑤ $\dfrac{11}{12}$

📖 NOTE

| 필수 예제 02 |

02

1부터 10까지의 자연수가 하나씩 적힌 흰 공 10개와 1부터 k까지의 자연수가 하나씩 적힌 검은 공 k개가 들어 있는 주머니에서 한 개의 공을 꺼내는 시행을 한다. 이 시행에서 꺼낸 공에 적힌 수가 홀수일 때, 그 공이 흰 공일 확률은 $\dfrac{1}{3}$이다. 모든 자연수 k의 값의 합을 구하시오.

자연수 k는 홀수, 짝수 모두 가능하다.

| 필수 예제 03 |

03

흰 공 5개와 검은 공 3개가 들어 있는 주머니에서 임의로 공 2개를 한 개씩 꺼내려고 한다. 꺼낸 공 중 검은 공이 1개일 확률은? (단, 꺼낸 공은 다시 넣지 않는다.)

① $\dfrac{13}{28}$　　② $\dfrac{15}{28}$　　③ $\dfrac{17}{28}$　　④ $\dfrac{19}{28}$　　⑤ $\dfrac{3}{4}$

| 필수 예제 03 |

04

어느 가게에서는 두 종류의 응모권 A, B를 나누어 준다. 두 응모권 A, B를 나누어 주는 비율은 각각 30 %, 70 %이고, 두 응모권의 당첨률은 각각 20 %, 30 %라 한다. 이 가게에서 나누어 준 응모권 중에서 임의로 한 장을 택할 때, 그 응모권이 당첨될 확률은?

① 0.27　　② 0.31　　③ 0.35　　④ 0.39　　⑤ 0.43

| 필수 예제 04 |

05

두 사건 A, B가 서로 독립이고 $P(A)=\dfrac{2}{5}$, $P(B|A)=\dfrac{1}{3}$일 때, $P(A^c \cup B)$는?

(단, A^c은 A의 여사건이다.)

① $\dfrac{7}{10}$　　② $\dfrac{11}{15}$　　③ $\dfrac{23}{30}$　　④ $\dfrac{4}{5}$　　⑤ $\dfrac{5}{6}$

| 필수 예제 05 |

06 어느 시험에서 두 학생 A, B가 합격할 확률이 각각 $\dfrac{2}{3}$, $\dfrac{1}{4}$일 때, 두 학생 중 적어도 한 학생이 합격할 확률은?

① $\dfrac{5}{12}$ ② $\dfrac{1}{2}$ ③ $\dfrac{7}{12}$ ④ $\dfrac{2}{3}$ ⑤ $\dfrac{3}{4}$

| 필수 예제 06 |

07 한 개의 주사위를 던져 6의 약수의 눈이 나오면 동전을 4번 던지고, 6의 약수의 눈이 나오지 않으면 동전을 3번 던질 때, 동전의 앞면이 2번 나올 확률을 구하시오.

| 필수 예제 06 |

08 오른쪽 그림과 같이 수직선의 원점에 점 P가 있다. 한 개의 주사위를 던져 짝수의 눈이 나오면 점 P를 양의 방향으로 1만큼 이동시키고, 홀수의 눈이 나오면 점 P를 음의 방향으로 1만큼 이동시킨다. 주사위를 7번 던졌을 때, 점 P의 좌표가 1일 확률을 구하시오.

먼저 점 P가 양의 방향으로 몇 번, 음의 방향으로 몇 번 가야 하는지 구한다.

| 필수 예제 02 |

09 (평가원 기출) 한 개의 주사위를 두 번 던질 때 나오는 눈의 수를 차례로 a, b라 하자. $a \times b$가 4의 배수일 때, $a+b \leq 7$일 확률은?

① $\dfrac{2}{5}$ ② $\dfrac{7}{15}$ ③ $\dfrac{8}{15}$ ④ $\dfrac{3}{5}$ ⑤ $\dfrac{2}{3}$

| 필수 예제 04 |

10 (수능 기출) 두 사건 A, B가 서로 독립이고 $P(A \cap B) = \dfrac{1}{4}$, $P(A^c) = 2P(A)$일 때, $P(B)$는? (단, A^c은 A의 여사건이다.)

① $\dfrac{3}{8}$ ② $\dfrac{1}{2}$ ③ $\dfrac{5}{8}$ ④ $\dfrac{3}{4}$ ⑤ $\dfrac{7}{8}$

• 정답 및 해설 33쪽

1 다음 ☐ 안에 알맞은 것을 쓰시오.

(1) 표본공간 S의 두 사건 A, B에 대하여 확률이 0이 아닌 사건 A가 일어났다고 가정할 때 사건 B가 일어날 확률을 사건 A가 일어났을 때의 사건 B의 ☐이라 하고, 기호로 ☐와 같이 나타낸다.

(2) 사건 A가 일어났을 때의 사건 B의 조건부확률은

$$\mathrm{P}(B|A)=\frac{\boxed{}}{\mathrm{P}(A)} \ (단, \mathrm{P}(A)>0)$$

(3) 두 사건 A, B가 동시에 일어날 확률은

$$\mathrm{P}(A\cap B)=\boxed{}\times\mathrm{P}(B|A) \ (단, \mathrm{P}(A)>0)$$
$$=\mathrm{P}(B)\times\boxed{} \ (단, \mathrm{P}(B)>0)$$

(4) 두 사건 A, B에 대하여 사건 A가 일어나는 것이 사건 B가 일어날 확률에 영향을 주지 않을 때, 두 사건 A, B는 서로 ☐이라 하고, 두 사건 A, B가 서로 독립이 아닐 때 두 사건 A, B는 서로 ☐이라 한다.

(5) 두 사건 A, B가 서로 독립이기 위한 필요충분조건은

$$\mathrm{P}(A\cap B)=\boxed{} \ (단, \mathrm{P}(A)>0, \mathrm{P}(B)>0)$$

(6) 어떤 시행에서 사건 A가 일어날 확률이 $p\,(0<p<1)$일 때, 이 시행을 n회 반복하는 독립시행에서 사건 A가 r회 일어날 확률은

$$\boxed{}p^r(1-p)^{n-r} \ (단, r=0, 1, 2, \cdots, n)$$

2 다음 문장이 옳으면 ○표, 옳지 않으면 ×표를 ( ) 안에 쓰시오.

(1) 사건 A가 일어났을 때의 사건 B의 조건부확률을 $\mathrm{P}(B|A)=\dfrac{n(A\cap B)}{n(A)}$로 나타낼 수 있다. ( )

(2) 두 사건 A, B에 대하여 $\mathrm{P}(B|A)=\mathrm{P}(B)$이면 두 사건 A, B는 서로 독립이다. ( )

(3) 두 사건 A, B가 서로 독립일 때, 두 사건 A^c, B는 서로 종속일 수 있다. ( )

(4) 동전을 10번 던질 때 앞면이 2번 나올 확률과 앞면이 8번 나올 확률은 서로 같다. ( )

05

이산확률변수의
확률분포

05 이산확률변수의 확률분포

1 확률변수와 확률분포

(1) 확률변수
어떤 시행에서 표본공간 S의 각 원소에 단 하나의 실수를 대응시키는 관계를 **확률변수❶**라 하고, 확률변수 X가 어떤 값 x를 가질 확률을 기호로 $\mathrm{P}(X=x)$와 같이 나타낸다.

(2) 확률분포
확률변수 X가 갖는 값과 X가 이 값을 가질 확률의 대응 관계를 X의 **확률분포**라 한다.

2 이산확률변수
확률변수가 가질 수 있는 값이 유한개이거나 무한히 많더라도 자연수와 같이 일일이 셀 수 있을 때, 그 확률변수를 **이산확률변수❷**라 한다.

3 확률질량함수

(1) 확률질량함수
이산확률변수 X가 가질 수 있는 모든 값 x_1, x_2, x_3, $\cdots$, x_n에 이 값을 가질 확률 p_1, p_2, p_3, $\cdots$, p_n이 하나씩 대응되는 관계를 나타내는 함수
$$\mathrm{P}(X=x_i)=p_i\,(i=1,\ 2,\ 3,\ \cdots,\ n)$$
를 이산확률변수 X의 확률질량함수라 한다.

(2) 확률질량함수의 성질
이산확률변수 X의 확률질량함수 $\mathrm{P}(X=x_i)=p_i\,(i=1,\ 2,\ 3,\ \cdots,\ n)$에 대하여
① $0\le p_i\le 1$ ← 확률은 0 이상 1 이하이다.
② $p_1+p_2+p_3+\cdots+p_n=1$ ← 확률의 총합은 1이다.
③ $\mathrm{P}(x_i\le X\le x_j)=p_i+p_{i+1}+p_{i+2}+\cdots+p_j$ (단, $j=1,\ 2,\ 3,\ \cdots,\ n$이고, $i\le j$)
참고 $i\ne j$일 때, $\mathrm{P}(X=x_i$ 또는 $X=x_j)=\mathrm{P}(X=x_i)+\mathrm{P}(X=x_j)$

4 이산확률변수의 기댓값(평균), 분산, 표준편차
이산확률변수 X의 확률질량함수가
$\mathrm{P}(X=x_i)=p_i\,(i=1,\ 2,\ 3,\ \cdots,\ n)$
일 때, 확률변수 X의

X	x_1	x_2	x_3	$\cdots$	x_n	합계
$\mathrm{P}(X=x_i)$	p_1	p_2	p_3	$\cdots$	p_n	1

(1) **기댓값(평균)**: $\mathrm{E}(X)$❸$=x_1p_1+x_2p_2+x_3p_3+\cdots+x_np_n$

(2) **분산**: $\mathrm{V}(X)$❹$=\mathrm{E}((X-m)^2)$ (단, $m=\mathrm{E}(X)$)
$\qquad\qquad=(x_1-m)^2p_1+(x_2-m)^2p_2+(x_3-m)^2p_3+\cdots+(x_n-m)^2p_n$
$\qquad\qquad=\mathrm{E}(X^2)-\{\mathrm{E}(X)\}^2$

(3) **표준편차**: $\sigma(X)$❺$=\sqrt{\mathrm{V}(X)}$

5 이산확률변수 $aX+b$의 기댓값(평균), 분산, 표준편차
이산확률변수 X와 두 상수 a, $b\,(a\ne 0)$에 대하여
(1) $\mathrm{E}(aX+b)=a\mathrm{E}(X)+b$ (2) $\mathrm{V}(aX+b)=a^2\mathrm{V}(X)$ (3) $\sigma(aX+b)=|a|\sigma(X)$
$\qquad\qquad\qquad\qquad\qquad\qquad\qquad\qquad\qquad\qquad\qquad\qquad\qquad\downarrow\sqrt{\mathrm{V}(aX+b)}$

개념 플러스⁺

❶ 확률변수는 표본공간을 정의역으로 하고, 실수 전체의 집합을 공역으로 하는 함수이지만 변수의 역할을 하기 때문에 확률변수라 부른다.

▣ 보통 확률변수는 $X, Y, Z, \cdots$로 나타내고, 확률변수가 가지는 값은 x_1, x_2, x_3, $\cdots$ 또는 $x, y, z, \cdots$로 나타낸다.

❷ 물건의 개수, 앞면이 나오는 동전의 개수 등과 같이 셀 수 있는 값을 갖는 확률변수이다.

❸ $\mathrm{E}(X)$의 E는 기댓값을 뜻하는 Expectation의 첫 글자이고, $\mathrm{E}(X)$는 평균을 뜻하는 mean의 첫 글자 m으로 나타내기도 한다.

❹ $\mathrm{V}(X)$의 V는 분산을 뜻하는 Variance의 첫 글자이다.

❺ $\sigma(X)$의 σ는 표준편차를 뜻하는 standard deviation의 첫 글자 s에 해당하는 그리스 문자이고 '시그마'라 읽는다.

▣ (1), (2), (3)은 이산확률변수뿐만 아니라 일반적으로 모든 확률변수에 대하여 성립한다.

6 이항분포와 이항분포의 평균, 분산, 표준편차

(1) 이항분포

한 번의 시행에서 사건 A가 일어날 확률이 p로 일정할 때, n번의 독립시행에서 사건 A가 일어나는 횟수를 확률변수 X라 하면 X의 확률질량함수는

$$P(X=x) = {}_n C_x p^x q^{n-x} \; (x=0, 1, 2, \cdots, n \text{이고}, \; q=1-p)$$

이와 같은 확률변수 X의 확률분포를 **이항분포**라 하고, 기호로 $\mathrm{B}(n, p)$❻와 같이 나타낸다. 이때 '확률변수 X는 이항분포 $\mathrm{B}(n, p)$를 따른다'고 한다.

(2) 이항분포의 평균, 분산, 표준편차

확률변수 X가 이항분포 $\mathrm{B}(n, p)$를 따를 때 (단, $q=1-p$)

① $\mathrm{E}(X)=np$ ② $\mathrm{V}(X)=npq$ ③ $\sigma(X)=\underset{\underset{\sqrt{\mathrm{V}(X)}}{\downarrow}}{\sqrt{npq}}$

개념 플러스⁺ 부분

개념 플러스⁺

❻ $\mathrm{B}(n, p)$의 B는 이항분포를 뜻하는 Binomial distribution의 첫 글자이다.

교과서 개념 확인하기

정답 및 해설 34쪽

1 한 개의 주사위를 던질 때, 나오는 눈의 수를 확률변수 X라 하자. 다음을 구하시오.

(1) X가 가질 수 있는 값   (2) $P(X=2)$

2 한 개의 동전을 두 번 던질 때, 앞면이 나오는 횟수를 확률변수 X라 하자. 오른쪽 표를 완성하시오.

X	0	1	2	합계
$P(X=x)$	$\frac{1}{4}$			1

3 확률변수 X의 확률분포를 표로 나타내면 오른쪽과 같을 때, 다음을 구하시오.

(1) $\mathrm{E}(X)$ (2) $\mathrm{V}(X)$ (3) $\sigma(X)$

X	-2	0	2	합계
$P(X=x)$	$\frac{1}{8}$	$\frac{1}{4}$	$\frac{5}{8}$	1

4 확률변수 X에 대하여 $\mathrm{E}(X)=5$, $\mathrm{V}(X)=4$일 때, 다음 확률변수의 평균, 분산, 표준편차를 각각 구하시오.

(1) $3X-1$ (2) $-2X+3$

5 다음 확률변수 X가 따르는 이항분포를 $\mathrm{B}(n, p)$의 형태로 나타내시오.

(1) 동전을 100번 던질 때, 앞면이 나오는 횟수 X

(2) 주사위를 300번 던질 때, 3의 배수의 눈이 나오는 횟수 X

6 확률변수 X가 이항분포 $\mathrm{B}\left(10, \frac{1}{2}\right)$을 따를 때, $P(X=4)$를 구하시오.

7 확률변수 X가 이항분포 $\mathrm{B}\left(72, \frac{1}{3}\right)$을 따를 때, 다음을 구하시오.

(1) $\mathrm{E}(X)$ (2) $\mathrm{V}(X)$ (3) $\sigma(X)$

필수 예제 1 확률질량함수

▶ **문제 해결 tip**

확률변수 X의 확률분포가 다음 표와 같을 때, 상수 a의 값을 구하시오.

X	-1	0	1	2	합계
$\mathrm{P}(X=x)$	$\dfrac{1}{3}$	$2a$	$\dfrac{1}{3}$	a	1

확률의 총합은 1임을 이용한다. 이때 각각의 확률은 0 이상 1 이하이어야 한다.

숫자 바꿈

1-1 확률변수 X의 확률분포가 다음 표와 같을 때, 상수 a의 값을 구하시오.

X	0	1	2	3	합계
$\mathrm{P}(X=x)$	a^2	$a-\dfrac{1}{5}$	a^2	$\dfrac{1}{5}$	1

1-2 상수 a에 대하여 확률변수 X의 확률분포가 다음 표와 같을 때, $\mathrm{P}(X=-1)+\mathrm{P}(X=1)$을 구하시오.

X	-1	0	1	2	합계
$\mathrm{P}(X=x)$	a	$2a$	$3a$	$4a$	1

먼저 확률의 총합이 1임을 이용하여 a의 값을 구해 보자.

1-3 상수 a에 대하여 확률변수 X의 확률질량함수가

$$\mathrm{P}(X=x)=\frac{a}{x} \ (x=1, 2, 3, 4)$$

일 때, $\mathrm{P}(2 \le X \le 4)$를 구하시오.

필수 예제 **2** 이산확률변수의 확률

흰 공 2개와 검은 공 3개가 들어 있는 주머니에서 임의로 2개의 공을 동시에 꺼낼 때, 꺼낸 흰 공의 개수를 확률변수 X라 하자. $P(1 \leq X \leq 2)$를 구하시오.

▶ 문제 해결 tip

확률이 선행되어야 하는 유형이므로 확률을 구하는 여러 가지 방법을 알고 있어야 한다.

숫자 바꿈

2-1 남학생 4명과 여학생 2명 중에서 임의로 3명을 뽑을 때, 뽑힌 여학생의 수를 확률변수 X라 하자. $P(X < 1)$을 구하시오.

2-2 한 개의 동전을 3번 던져서 앞면이 나오는 횟수를 확률변수 X라 하자. $P(X=1$ 또는 $X=3)$을 구하시오.

2-3 숫자 0, 1, 2, 3이 하나씩 적힌 4장의 카드가 들어 있는 주머니에서 임의로 두 장의 카드를 동시에 뽑을 때, 뽑은 두 카드에 적힌 수의 합을 확률변수 X라 하자. $P(X^2 - 9X + 18 = 0)$을 구하시오.

필수 예제 3 이산확률변수의 평균, 분산, 표준편차

상수 a에 대하여 확률변수 X의 확률분포가 아래 표와 같을 때, 다음을 구하시오.

X	1	2	3	합계
$P(X=x)$	$\dfrac{1}{4}$	$\dfrac{1}{2}$	a	1

(1) $E(X)$　　　　　(2) $V(X)$　　　　　(3) $\sigma(X)$

● 다시 정리하는 개념

(1) $E(X)=x_1 p_1 + x_2 p_2 + x_3 p_3$
　　　　　$+\cdots+x_n p_n$
(2) $V(X)$
　$=E((X-m)^2)$
　$=E(X^2)-\{E(X)\}^2$
　　　(단, $m=E(X)$)
(3) $\sigma(X)=\sqrt{V(X)}$

숫자 바꿈

3-1 상수 a에 대하여 확률변수 X의 확률분포가 아래 표와 같을 때, 다음을 구하시오.

X	0	1	2	3	합계
$P(X=x)$	$\dfrac{1}{8}$	a	$\dfrac{1}{8}$	$\dfrac{1}{2}$	1

(1) $E(X)$　　　　　(2) $V(X)$　　　　　(3) $\sigma(X)$

3-2 상수 a에 대하여 확률변수 X의 확률질량함수가

$$P(X=x)=\frac{ax-2}{12}\ (x=1,\ 2,\ 3,\ 4)$$

일 때, $V(X)$를 구하시오.

3-3 두 상수 a, b에 대하여 확률변수 X의 확률분포가 다음 표와 같다. $E(X)=\dfrac{9}{5}$일 때, $\sigma(X)$를 구하시오.

X	1	2	3	합계
$P(X=x)$	a	$\dfrac{3}{5}$	b	1

필수 예제 4 이산확률변수 $aX+b$의 평균, 분산, 표준편차

확률변수 X의 확률분포가 아래 표와 같을 때, 확률변수 $Y=3X-2$에 대하여 다음을 구하시오.

X	0	1	2	3	합계
$P(X=x)$	$\dfrac{1}{4}$	$\dfrac{1}{4}$	$\dfrac{1}{4}$	$\dfrac{1}{4}$	1

(1) $E(Y)$ (2) $V(Y)$ (3) $\sigma(Y)$

◑ 다시 정리하는 개념

두 상수 $a, b\,(a\neq0)$에 대하여
(1) $\mathrm{E}(aX+b)=a\mathrm{E}(X)+b$
(2) $\mathrm{V}(aX+b)=a^2\mathrm{V}(X)$
(3) $\sigma(aX+b)=|a|\sigma(X)$

숫자 바꿈

4-1 확률변수 X의 확률분포가 아래 표와 같을 때, 확률변수 $Y=-6X+10$에 대하여 다음을 구하시오.

X	1	2	3	4	합계
$P(X=x)$	$\dfrac{4}{9}$	$\dfrac{2}{9}$	$\dfrac{2}{9}$	$\dfrac{1}{9}$	1

(1) $E(Y)$ (2) $V(Y)$ (3) $\sigma(Y)$

4-2 확률변수 $Y=\dfrac{1}{2}X-3$의 평균이 2, 분산이 3일 때, 확률변수 X^2의 평균을 구하시오.

4-3 숫자 1, 2, 3, 4가 하나씩 적힌 4장의 카드가 들어 있는 주머니에서 임의로 2장의 카드를 동시에 뽑을 때, 뽑은 두 카드에 적힌 수 중 작은 수를 확률변수 X라 하자. 확률변수 $Y=-3X+\dfrac{1}{2}$의 분산을 구하시오.

필수 예제 5 이항분포에서의 확률

어느 농구 선수의 3점 슛 성공률은 $\dfrac{1}{3}$이라 한다. 이 농구 선수가 3점 슛을 3번 던질 때, 성공 횟수를 확률변수 X라 하자. 다음을 구하시오. (단, 3점 슛을 던지는 시행은 독립시행이다.)

(1) 확률변수 X의 확률질량함수

(2) $P(X=2)$

다음 각 시행은 독립시행이다.
• 주사위를 반복해서 던지는 시행
• 동전을 반복해서 던지는 시행
• 확률이 p인 게임을 반복하는 시행

숫자 바꾼

5-1 주사위를 10번 던져서 소수의 눈이 나오는 횟수를 확률변수 X라 하자. 다음을 구하시오.

(1) 확률변수 X의 확률질량함수

(2) $P(X=3)$

5-2 어떤 룰렛 게임의 성공률은 $\dfrac{3}{4}$이라 한다. 이 게임을 5번 할 때, 성공한 횟수를 확률변수 X라 하자. $P(X \geq 4)$를 구하시오.

5-3 이항분포 $B\left(n, \dfrac{2}{3}\right)$를 따르는 확률변수 X에 대하여 $P(X=1)=\dfrac{10}{243}$일 때, 자연수 n의 값을 구하시오.

필수 예제 6 이항분포의 평균, 분산, 표준편차

발아율이 80%인 어느 씨앗이 있다. 이 씨앗 900개를 뿌릴 때, 발아하는 씨앗의 개수를 확률변수 X라 하자. 다음을 구하시오.

(1) $E(X)$ (2) $V(X)$ (3) $\sigma(X)$

> **다시 정리하는 개념**
>
> 확률변수 X가 이항분포 $B(n, p)$ 를 따를 때 (단, $q=1-p$)
> (1) $E(X)=np$
> (2) $V(X)=npq$
> (3) $\sigma(X)=\sqrt{npq}$

숫자 바꿈

6-1 두 사람 A, B가 가위바위보를 18번 할 때, A가 이기는 횟수를 확률변수 X라 하자. 다음을 구하시오.

(1) $E(X)$ (2) $V(X)$ (3) $\sigma(X)$

6-2 확률변수 X의 확률질량함수가

$$P(X=x)={}_{500}C_x\left(\frac{2}{5}\right)^x\left(\frac{3}{5}\right)^{500-x} \ (x=0,\ 1,\ 2,\ \cdots,\ 500)$$

일 때, X의 분산을 구하시오.

6-3 이항분포 $B(16,\ p)$를 따르는 확률변수 X에 대하여 $E(X)=8$일 때, $\sigma(2X-1)$을 구하시오.

| 필수 예제 01 |

01 상수 a에 대하여 확률변수 X의 확률질량함수가

$$P(X=x)=\begin{cases} a-\dfrac{x}{8} & (x=-1,\ 0) \\[2mm] a+\dfrac{x}{8} & (x=1,\ 2) \end{cases}$$

일 때, $P(X\geq 1)$은?

① $\dfrac{1}{8}$ 　 ② $\dfrac{1}{4}$ 　 ③ $\dfrac{3}{8}$ 　 ④ $\dfrac{1}{2}$ 　 ⑤ $\dfrac{5}{8}$

| 필수 예제 02 |

02 서로 다른 두 개의 주사위를 동시에 던질 때, 나오는 두 눈의 수의 차를 확률변수 X라 하자. $P(X^2-10X+24\leq 0)$은?

① $\dfrac{1}{6}$ 　 ② $\dfrac{1}{3}$ 　 ③ $\dfrac{1}{2}$ 　 ④ $\dfrac{2}{3}$ 　 ⑤ $\dfrac{5}{6}$

X가 가질 수 있는 값을 파악하여 이차부등식 $X^2-10X+24\leq 0$ 의 해를 구한다.

| 필수 예제 03 |

03 한 개의 주사위를 3번 던져서 6의 약수의 눈이 나오는 횟수를 확률변수 X라 할 때, $E(X^2)-V(X)$를 구하시오.

| 필수 예제 03 |

04 주머니에 1이 적힌 카드 n장과 2, 2, 3, 4가 하나씩 적힌 카드 4장이 들어 있다. 이 주머니에서 임의로 한 장의 카드를 꺼낼 때, 카드에 적힌 숫자를 확률변수 X라 하자. $E(X)=\dfrac{13}{6}$일 때, $V(X)$는? (단, n은 자연수이다.)

① $\dfrac{11}{12}$ 　 ② $\dfrac{35}{36}$ 　 ③ $\dfrac{37}{36}$ 　 ④ $\dfrac{13}{12}$ 　 ⑤ $\dfrac{41}{36}$

| 필수 예제 04 |

05 확률변수 X에 대하여 $E(X)=5$, $V(X)=10$일 때, $E(aX+b)=30$, $V(aX+b)=40$이다. $a+b$의 값은? (단, a, b는 상수이고, $a>0$)

① 21 　 ② 22 　 ③ 23 　 ④ 24 　 ⑤ 25

| 필수 예제 04 |

06 숫자 1, 2, 3, 4, 5가 하나씩 적힌 5개의 공이 들어 있는 주머니에서 임의로 3개의 공을 동시에 꺼낼 때, 공에 적힌 수 중에서 두 번째로 큰 수를 확률변수 X라 하자. 확률변수 $Y=\dfrac{1}{3}X+5$의 평균을 구하시오.

| 필수 예제 05 |

07 확률변수 X의 확률질량함수가

$$\mathrm{P}(X=x)={}_{10}\mathrm{C}_x\left(\frac{3^x}{2^{20}}\right)\ (x=0,\ 1,\ 2,\ \cdots,\ 10)$$

일 때, X는 이항분포 $\mathrm{B}(n,\ p)$를 따른다. $n+p$의 값은?

① $\dfrac{41}{4}$ ② $\dfrac{21}{2}$ ③ $\dfrac{43}{4}$ ④ 11   ⑤ $\dfrac{45}{4}$

시행횟수를 파악하여 $\dfrac{3^x}{2^{20}}$을 적절히 변형한다.

| 필수 예제 06 |

08 어느 양궁 선수가 한 발의 화살을 쏘아 10점을 맞힐 확률이 0.2라 한다. 이 선수가 화살 25발을 쏘았을 때, 10점을 맞힌 화살의 개수를 확률변수 X라 하자.

$\mathrm{V}\left(\dfrac{1}{2}X+1\right)$은?

① 1   ② 2   ③ 3   ④ 4   ⑤ 5

| 필수 예제 04 |

09 교육청 기출
이산확률변수 X의 확률분포를 표로 나타내면 오른쪽과 같다. $\mathrm{E}(X)=-1$일 때, $\mathrm{V}(aX)$는? (단, a는 상수이다.)

X	-3	0	a	합계
$\mathrm{P}(X=x)$	$\dfrac{1}{2}$	$\dfrac{1}{4}$	$\dfrac{1}{4}$	1

① 12   ② 15   ③ 18   ④ 21   ⑤ 24

| 필수 예제 06 |

10 교육청 기출
확률변수 X가 이항분포 $\mathrm{B}\left(n,\ \dfrac{1}{3}\right)$을 따르고 $\mathrm{E}(3X-1)=17$일 때, $\mathrm{V}(X)$는?

① 2   ② $\dfrac{8}{3}$ ③ $\dfrac{10}{3}$ ④ 4   ⑤ $\dfrac{14}{3}$

• 정답 및 해설 40쪽

1 다음 ☐ 안에 알맞은 것을 쓰시오.

(1) 어떤 시행에서 표본공간 S의 각 원소에 단 하나의 실수를 대응시키는 관계를 ☐ 라 하고, 확률변수 X가 갖는 값과 X가 이 값을 가질 확률의 대응 관계를 X의 ☐ 라 한다.

(2) 확률변수가 가질 수 있는 값이 유한개이거나 무한히 많더라도 자연수와 같이 일일이 셀 수 있을 때, 그 확률변수를 ☐ 라 한다.

(3) 이산확률변수 X의 확률질량함수가 $P(X=x_i)=p_i\,(i=1,\,2,\,3,\,\cdots,\,n)$일 때

① ☐ $=x_1 p_1 + x_2 p_2 + x_3 p_3 + \cdots + x_n p_n$

② $V(X)=E((X-m)^2)=E(X^2)-$ ☐ (단, $m=E(X)$)

③ $\sigma(X)=$ ☐

(4) 이산확률변수 X와 두 상수 $a,\,b\,(a\neq 0)$에 대하여

① $E(aX+b)=$ ☐ $\times E(X)+b$ ② $V(aX+b)=$ ☐ $\times V(X)$ ③ $\sigma(aX+b)=$ ☐ $\times \sigma(X)$

(5) 한 번의 시행에서 사건 A가 일어날 확률이 p로 일정할 때, n번의 독립시행에서 사건 A가 일어나는 횟수를 확률변수 X라 하면 X의 확률질량함수는

$P(X=x)={}_n C_x\, p^x q^{n-x}\,(x=0,\,1,\,2,\,\cdots,\,n$이고, $q=1-p)$

이와 같은 이산확률변수 X의 확률분포를 ☐ 라 하고, 기호로 ☐ 와 같이 나타낸다.

(6) 확률변수 X가 이항분포 $B(n,\,p)$를 따를 때 (단, $q=1-p$)

① $E(X)=$ ☐ $\times p$ ② $V(X)=$ ☐ $\times q$ ③ $\sigma(X)=\sqrt{npq}$

2 다음 문장이 옳으면 ○표, 옳지 않으면 ×표를 ( ) 안에 쓰시오.

(1) 확률변수 X의 확률분포를 표로 나타내면 오른쪽과 같을 때, $V(X)=\dfrac{4}{5}$이다.

X	0	1	2	합계
$P(X=x)$	$\dfrac{2}{5}$	$\dfrac{1}{5}$	$\dfrac{2}{5}$	1

( )

(2) 확률변수 X에 대하여 $E(X)=5$일 때, $E(2X-1)=9$이다. ( )

(3) 확률변수 X가 이항분포 $B\!\left(5,\,\dfrac{1}{2}\right)$을 따를 때, 확률변수 X의 확률질량함수는

${}_5 C_x\!\left(\dfrac{1}{2}\right)^5\,(x=0,\,1,\,2,\,3,\,4,\,5)$이다. ( )

(4) 확률변수 X가 이항분포 $B\!\left(36,\,\dfrac{1}{3}\right)$을 따를 때, $V(X)=12$이다. ( )

06

연속확률변수의 확률분포

06 연속확률변수의 확률분포

1 연속확률변수

확률변수가 어떤 범위에 속하는 모든 실수의 값을 가질 때, 그 확률변수를 **연속확률변수❶**라 한다.

2 확률밀도함수

$\alpha \leq X \leq \beta$에서 모든 실수의 값을 가지는 연속확률변수 X에 대하여 $\alpha \leq X \leq \beta$에서 정의된 함수 $f(x)$가 다음 세 가지 성질을 모두 만족시킬 때, 함수 $f(x)$를 확률변수 X의 확률밀도함수라 한다.

(1) $f(x) \geq 0$

(2) 함수 $y=f(x)$의 그래프와 x축 및 두 직선 $x=\alpha$, $x=\beta$로 둘러싸인 도형의 넓이는 1이다.

(3) $\mathrm{P}(a \leq X \leq b)$❷는 함수 $y=f(x)$의 그래프와 x축 및 두 직선 $x=a$, $x=b$로 둘러싸인 도형의 넓이와 같다. (단, $\alpha \leq a \leq b \leq \beta$)

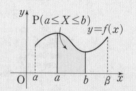

3 정규분포

(1) 정규분포

실수 전체의 집합에서 정의된 연속확률변수 X의 확률밀도함수 $f(x)$가 두 상수 m, $\sigma \, (\sigma > 0)$에 대하여

$$f(x) = \frac{1}{\sqrt{2\pi}\sigma} e^{-\frac{(x-m)^2}{2\sigma^2}}$$ → e의 값은 2.71828⋯인 무리수이다.

일 때, X의 확률분포를 **정규분포**라 하고, 확률밀도함수 $f(x)$의 그래프❸는 오른쪽 그림과 같다.

$$f(x) = \frac{1}{\sqrt{2\pi}\sigma} e^{-\frac{(x-m)^2}{2\sigma^2}}$$

이때 확률변수 X의 평균은 m, 표준편차는 σ임이 알려져 있다.

(2) 평균과 분산이 각각 m, σ^2인 정규분포를 기호로 $\mathrm{N}(m, \sigma^2)$❹으로 나타내고, '확률변수 X는 정규분포 $\mathrm{N}(m, \sigma^2)$을 따른다'고 한다.

(3) 정규분포를 따르는 확률밀도함수의 그래프의 성질

정규분포 $\mathrm{N}(m, \sigma^2)$을 따르는 확률변수 X의 확률밀도함수의 그래프는 다음과 같은 성질을 갖는다.

① 직선 $x=m$에 대하여 대칭이고, x축이 점근선인 종 모양의 곡선이다.

② 그래프와 x축 사이의 넓이는 1이다.

③ σ의 값이 일정할 때, m의 값이 달라지면 대칭축의 위치는 바뀌지만 그래프의 모양은 변하지 않는다.

④ m의 값이 일정할 때, σ의 값이 커지면 대칭축의 위치는 바뀌지 않지만 그래프의 가운데 부분의 높이가 낮아지고 양쪽으로 넓게 퍼진다.

참고 ③ $m=0$ $m=2$ $m=4$

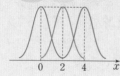

④
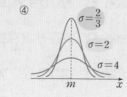

개념 플러스⁺

❶ 길이, 무게, 시간 등과 같이 어떤 범위에서 연속적인 실수의 값을 갖는 확률변수이다.

❷ 연속확률변수 X에서 $\mathrm{P}(X=x)=0$이므로
$$\mathrm{P}(a \leq X \leq b) = \mathrm{P}(a \leq X < b)$$
$$= \mathrm{P}(a < X \leq b)$$
$$= \mathrm{P}(a < X < b)$$

❸ 이 곡선을 정규분포곡선이라 한다.

❹ $\mathrm{N}(m, \sigma^2)$의 N은 정규분포를 뜻하는 Normal distribution의 첫 글자이다.

4 표준정규분포

(1) 표준정규분포

① 평균이 0이고 분산이 1인 정규분포 $N(0, 1)$을 **표준정규분포**라 한다.

② 확률변수 Z⑤가 표준정규분포 $N(0, 1)$을 따를 때, Z의 확률밀도함수는

$$f(z) = \frac{1}{\sqrt{2\pi}} e^{-\frac{z^2}{2}}$$

이고, 그 그래프는 오른쪽 그림과 같다.

또한, 양수 z_0에 대하여 확률 $P(0 \leq Z \leq z_0)$은 오른쪽 그림에서 색칠한 부분의 넓이와 같다.

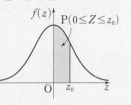

개념 플러스⁺

⑤ 표준정규분포를 따르는 확률변수는 보통 Z로 나타낸다.

(2) 정규분포의 표준화

확률변수 X가 정규분포 $N(m, \sigma^2)$을 따를 때, 확률변수 $Z = \dfrac{X-m}{\sigma}$은 표준정규분포 $N(0, 1)$을 따른다. 이와 같이 정규분포 $N(m, \sigma^2)$을 따르는 확률변수 X를 표준정규분포 $N(0, 1)$을 따르는 확률변수 Z로 바꾸는 것을 표준화라 하고, 다음이 성립한다.

$$P(a \leq X \leq b) = P\left(\frac{a-m}{\sigma} \leq Z \leq \frac{b-m}{\sigma}\right)$$

참고 정규분포를 따르는 확률변수 X를 표준화하면 표준정규분포표를 이용하여 확률을 구할 수 있다.

5 이항분포와 정규분포의 관계

확률변수 X가 이항분포 $B(n, p)$를 따를 때, n이 충분히 크면 X는 근사적으로 정규분포 $N(np, npq)$를 따른다. (단, $q = 1-p$)

■ n이 충분히 크다는 것은 일반적으로 $np \geq 5$, $nq \geq 5$일 때를 뜻한다.

교과서 개념 확인하기

○ 정답 및 해설 41쪽

1 연속확률변수 X의 확률밀도함수가 $f(x) = \dfrac{1}{4}$ $(0 \leq x \leq 4)$일 때, 다음을 구하시오.

(1) $P(0 \leq X \leq 4)$ (2) $P(0 \leq X \leq 3)$

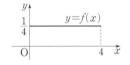

2 평균과 분산이 다음과 같은 확률변수 X가 따르는 정규분포를 $N(m, \sigma^2)$ 꼴로 나타내시오.

(1) $E(X) = 5$, $V(X) = 4$ (2) $E(X) = 10$, $V(X) = 9$

3 확률변수 Z가 표준정규분포 $N(0, 1)$을 따를 때, 다음을 오른쪽 표준정규분포표를 이용하여 구하시오.

(1) $P(Z \leq 1.5)$ (2) $P(Z \geq 2)$

(3) $P(1 \leq Z \leq 2)$ (4) $P(-1.5 \leq Z \leq 0.5)$

z	$P(0 \leq Z \leq z)$
0.5	0.1915
1.0	0.3413
1.5	0.4332
2.0	0.4772

4 확률변수 X가 다음과 같은 정규분포를 따를 때, X를 표준정규분포 $N(0, 1)$을 따르는 확률변수 Z로 표준화하시오.

(1) $N(25, 2^2)$ (2) $N(30, 4^2)$

5 확률변수 X가 다음과 같은 이항분포를 따를 때, X가 근사적으로 따르는 정규분포를 $N(m, \sigma^2)$ 꼴로 나타내시오.

(1) $B\left(100, \dfrac{1}{2}\right)$ (2) $B\left(150, \dfrac{2}{5}\right)$

연속확률변수 X의 확률밀도함수가 $f(x)=kx\,(0\leq x\leq2)$일 때, $\mathrm{P}(1\leq X\leq2)$를 구하시오.

(단, k는 상수이다.)

> **● 문제 해결 tip**
>
> 구하는 넓이가 복잡할 경우 여사건의 확률을 이용한다.

숫자 바꾸

1-1 연속확률변수 X의 확률밀도함수가 $f(x)=\dfrac{k}{2}x\,(0\leq x\leq4)$일 때, $\mathrm{P}(1\leq X\leq3)$을 구하시오. (단, k는 상수이다.)

1-2 연속확률변수 X의 확률밀도함수가 $f(x)=\dfrac{2}{9}x\,(0\leq x\leq3)$일 때, $\mathrm{P}(1\leq X\leq k)=\dfrac{1}{3}$을 만족시키는 k의 값을 구하시오. (단, $k\geq1$)

1-3 $0\leq x\leq2$에서 정의된 연속확률변수 X의 확률밀도함수가

$$f(x)=\begin{cases} x & (0\leq x\leq1) \\ 2-x & (1\leq x\leq2) \end{cases}$$

일 때, $\mathrm{P}\left(0\leq X\leq\dfrac{3}{2}\right)$을 구하시오.

필수 예제 **2** 정규분포를 따르는 확률밀도함수의 그래프의 성질

정규분포 $N(m, \sigma^2)$을 따르는 확률변수 X에 대하여 $P(X \le 12) = P(X \ge 20)$일 때, m의 값을 구하시오.

> **▷ 다시 정리하는 개념**
>
> 정규분포 $N(m, \sigma^2)$을 따르는 확률밀도함수의 그래프는 직선 $x = m$에 대하여 대칭이다.

숫자 바꾼

2-1 정규분포 $N(12, 2^2)$을 따르는 확률변수 X에 대하여 $P(X \le 4) = P(X \ge k)$일 때, 실수 k의 값을 구하시오.

2-2 정규분포 $N(15, 3^2)$을 따르는 확률변수 X에 대하여 $P(k \le X \le k+4)$가 최대가 되도록 하는 실수 k의 값을 구하시오.

2-3 다음 그림은 정규분포를 따르는 네 연속확률변수의 확률밀도함수의 그래프이다. 평균이 가장 큰 것과 표준편차가 가장 큰 것을 차례대로 고른 것은?

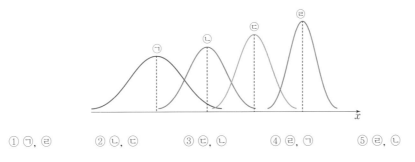

① ㉠, ㉣   ② ㉡, ㉢   ③ ㉢, ㉡   ④ ㉣, ㉠   ⑤ ㉣, ㉡

필수 예제 3 정규분포에서의 확률

확률변수 X가 정규분포 $N(13, \sigma^2)$을 따르고

$$P(9 \leq X \leq 15) = 0.8185, \ P(13 \leq X \leq 15) = 0.3413$$

일 때, $P(9 \leq X \leq 11)$을 구하시오.

> ● **문제 해결 tip**
>
> 확률분포 X가 따르는 정규분포 $N(m, \sigma^2)$의 확률밀도함수의 그래프를 그리고 다음을 이용한다.
> (1) $P(X \leq m) = P(X \geq m)$
> $= 0.5$
> (2) $P(m-k \leq X \leq m)$
> $= P(m \leq X \leq m+k)$
> (단, $k > 0$)
> (3) $P(m+a \leq X \leq m+b)$
> $= P(m-b \leq X \leq m-a)$
> (단, $a < b$)

숫자 바꿈

3-1 확률변수 X가 정규분포 $N(50, \sigma^2)$을 따르고

$$P(48 \leq X \leq 52) = 0.6826, \ P(47 \leq X \leq 53) = 0.8664$$

일 때, $P(52 \leq X \leq 53)$을 구하시오.

3-2 확률변수 X가 정규분포 $N(m, \sigma^2)$을 따르고 양수 k에 대하여

$$P(X \geq m+k) = 0.16$$

일 때, $P(m-k \leq X \leq m+k)$를 구하시오.

3-3 확률변수 X가 정규분포 $N(10, \sigma^2)$을 따르고

$$P(8 \leq X \leq 10) = a, \ P(6 \leq X \leq 14) = b$$

일 때, $P(6 \leq X \leq 12)$를 두 상수 a, b로 나타내면?

① $\dfrac{a+b}{2}$ ② $\dfrac{a+2b}{2}$ ③ $\dfrac{a+3b}{2}$ ④ $\dfrac{2a+b}{2}$ ⑤ $a+b$

• 정답 및 해설 42쪽

필수 예제 4 정규분포의 표준화

확률변수 X가 정규분포 $N(40, 10^2)$을 따를 때, $P(30 \leq X \leq 60)$을 오른쪽 표준정규분포표를 이용하여 구하시오.

z	$P(0 \leq Z \leq z)$
0.5	0.1915
1.0	0.3413
1.5	0.4332
2.0	0.4772

양수 z에 대하여 주어진 표가 나타내는 Z의 값의 범위는 $Z \leq z$가 아니라 $0 \leq Z \leq z$임에 주의해야 한다. 즉,
$P(Z \leq z)$
$= P(Z \leq 0) + P(0 \leq Z \leq z)$
로 계산해야 한다.

숫자 바꿔

4-1 확률변수 X가 정규분포 $N(30, 4^2)$을 따를 때, $P(20 \leq X \leq 34)$를 오른쪽 표준정규분포표를 이용하여 구하시오.

z	$P(0 \leq Z \leq z)$
1.0	0.3413
1.5	0.4332
2.0	0.4772
2.5	0.4938

4-2 확률변수 X가 정규분포 $N(50, 2^2)$을 따를 때, $P(|X| \geq 54)$를 오른쪽 표준정규분포표를 이용하여 구하시오.

z	$P(0 \leq Z \leq z)$
0.5	0.1915
1.0	0.3413
1.5	0.4332
2.0	0.4772

4-3 확률변수 X가 정규분포 $N(40, 3^2)$을 따를 때, $P(37 \leq X \leq k) = 0.8185$를 만족시키는 실수 k의 값을 오른쪽 표준정규분포표를 이용하여 구하시오.

z	$P(0 \leq Z \leq z)$
1.0	0.3413
1.5	0.4332
2.0	0.4772
2.5	0.4938

필수 예제 5 표준정규분포의 실생활에서의 활용

어느 공장에서 생산되는 음료수 한 개의 무게는 평균이 500 g, 표준편차가 20 g인 정규분포를 따른다고 한다. 이 공장에서 생산되는 음료수 중에서 임의로 택한 음료수 한 개의 무게가 490 g 이상 520 g 이하일 확률을 오른쪽 표준정규분포표를 이용하여 구하시오.

z	$\mathrm{P}(0\le Z\le z)$
0.5	0.1915
1.0	0.3413
1.5	0.4332
2.0	0.4772

▶ 다시 정리하는 개념

정규분포의 표준화

확률변수 X가 정규분포 $\mathrm{N}(m, \sigma^2)$을 따를 때,

$\mathrm{P}(a\le X\le b)$

$=\mathrm{P}\left(\frac{a-m}{\sigma}\le Z\le\frac{b-m}{\sigma}\right)$

숫자 바꾼

5-1 어느 고등학교 학생의 등교 시간은 평균이 60분, 표준편차가 10분인 정규분포를 따른다고 한다. 이 고등학교 학생 중에서 임의로 택한 학생 한 명의 등교 시간이 40분 이상 70분 이하일 확률을 오른쪽 표준정규분포표를 이용하여 구하시오.

z	$\mathrm{P}(0\le Z\le z)$
1.0	0.3413
1.5	0.4332
2.0	0.4772
2.5	0.4938

5-2 어느 100 m 달리기 대회에 참가한 선수의 기록은 평균이 12초, 표준편차가 0.5초인 정규분포를 따른다고 한다. 이 100 m 달리기 대회에 참가한 선수 중에서 임의로 택한 한 명의 기록이 11.25초 이하 또는 13초 이상일 확률을 오른쪽 표준정규분포표를 이용하여 구하시오.

z	$\mathrm{P}(0\le Z\le z)$
0.5	0.1915
1.0	0.3413
1.5	0.4332
2.0	0.4772

5-3 어느 과수원에서 재배하는 배 한 개의 무게는 평균이 m g, 표준편차가 10 g인 정규분포를 따른다고 한다. 이 과수원에서 재배하는 배 중에서 임의로 택한 배 한 개의 무게가 155 g 이하일 확률을 오른쪽 표준정규분포표를 이용하여 구하면 0.9938일 때, m의 값을 구하시오.

z	$\mathrm{P}(0\le Z\le z)$
1.0	0.3413
1.5	0.4332
2.0	0.4772
2.5	0.4938

필수 예제 6 이항분포와 정규분포의 관계

> **다시 정리하는 개념**

확률변수 X가 이항분포 $\mathrm{B}\left(100, \dfrac{1}{2}\right)$을 따를 때, 오른쪽 표준정규분포표를 이용하여 $\mathrm{P}(40 \leq X \leq 60)$을 구하시오.

z	$\mathrm{P}(0 \leq Z \leq z)$
1.0	0.3413
1.5	0.4332
2.0	0.4772
2.5	0.4938

확률변수 X가 이항분포 $\mathrm{B}(n, p)$
를 따를 때 (단, $q=1-p$)
(1) $\mathrm{E}(X)=np$
(2) $\mathrm{V}(X)=npq$
(3) $\sigma(X)=\sqrt{npq}$

숫자 바꿔

6-1 확률변수 X가 이항분포 $\mathrm{B}\left(180, \dfrac{5}{6}\right)$를 따를 때, 오른쪽 표준정규분포표를 이용하여 $\mathrm{P}(X \leq 145)$를 구하시오.

z	$\mathrm{P}(0 \leq Z \leq z)$
0.5	0.1915
1.0	0.3413
1.5	0.4332
2.0	0.4772

6-2 확률변수 X의 확률질량함수가
$$\mathrm{P}(X=x) = {}_{162}\mathrm{C}_x \left(\dfrac{2}{3}\right)^x \left(\dfrac{1}{3}\right)^{162-x}$$
$$(x=0, 1, 2, \cdots, 162)$$
일 때, 오른쪽 표준정규분포표를 이용하여
$\mathrm{P}(114 \leq X \leq 120)$을 구하시오.

z	$\mathrm{P}(0 \leq Z \leq z)$
1.0	0.3413
1.5	0.4332
2.0	0.4772
2.5	0.4938

6-3 어느 고등학교 전체 학생 중에서 버스를 타고 등교하는 학생의 비율이 80 %이다. 이 고등학교 학생 100명을 임의로 택하였을 때, 버스를 타고 등교하는 학생이 82명 이하일 확률을 오른쪽 표준정규분포표를 이용하여 구하시오.

z	$\mathrm{P}(0 \leq Z \leq z)$
0.5	0.1915
1.0	0.3413
1.5	0.4332
2.0	0.4772

| 필수 예제 01 |

01 상수 k에 대하여 연속확률변수 X의 확률밀도함수가

$$f(x) = k(3-x)\ (1 \leq x \leq 3)$$

일 때, $P(1 \leq X \leq 2)$는?

① $\dfrac{1}{8}$ ② $\dfrac{3}{4}$ ③ $\dfrac{5}{8}$ ④ $\dfrac{1}{2}$ ⑤ $\dfrac{3}{8}$

📖 NOTE

| 필수 예제 01 |

02 $0 \leq x \leq 4$에서 정의된 연속확률변수 X의 확률밀도함수 $y = f(x)$의 그래프가 다음 그림과 같을 때, $P(2 \leq X \leq 4)$는? (단, k는 상수이다.)

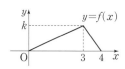

① $\dfrac{1}{6}$ ② $\dfrac{1}{3}$ ③ $\dfrac{1}{2}$ ④ $\dfrac{2}{3}$ ⑤ $\dfrac{5}{6}$

$0 \leq x \leq 3$, $3 \leq x \leq 4$에서 직선의 방정식을 각각 구한다.

| 필수 예제 02 |

03 다음 중 정규분포 $N(m, \sigma^2)$을 따르는 확률변수 X의 확률밀도함수 $f(x)$의 그래프의 성질이 <u>아닌</u> 것은?

① 확률밀도함수 $f(x)$는 $x = m$일 때 최댓값을 갖는다.

② 그래프와 x축 사이의 넓이는 1이다.

③ 그래프와 x축의 교점이 존재한다.

④ σ의 값이 클수록 그래프의 폭이 넓어진다.

⑤ σ의 값이 같으면 그래프의 모양은 같다.

| 필수 예제 03 |

04 정규분포 $N(m, \sigma^2)$을 따르는 확률변수 X에 대하여

$$P(X \geq m+2\sigma) = 0.0228$$

이 성립한다. X의 평균이 60, 분산이 16일 때, $P(X \geq k) = 0.9772$를 만족시키는 실수 k의 값은?

① 52   ② 56   ③ 60   ④ 64   ⑤ 68

| 필수 예제 04 |

05 확률변수 X가 정규분포 $N(16, \sigma^2)$을 따르고 $P(X \geq 13) = 0.9332$일 때, $P(X \leq 20)$을 오른쪽 표준 정규분포표를 이용하여 구한 것은?

z	$P(0 \leq Z \leq z)$
1.0	0.3413
1.5	0.4332
2.0	0.4772
2.5	0.4938

① 0.7745   ② 0.8413   ③ 0.9332

④ 0.9772   ⑤ 0.9938

| 필수 예제 04 |

06 두 확률변수 X, Y가 각각 정규분포 $N(10, 3^2)$, $N(20, 5^2)$을 따르고 $P(16 \leq X \leq 22) = P(30 \leq Y \leq k)$일 때, 실수 k의 값은?

① 40   ② 45   ③ 50   ④ 55   ⑤ 60

정규분포를 따르는 서로 다른 두 확률변수의 확률을 비교하려면 각각 표준화한다.

| 필수 예제 05 |

07 어느 도시의 신생아 1000명의 몸무게는 평균이 3.2 kg, 표준편차가 0.5 kg인 정규분포를 따른다고 한다. 이 도시의 1000명의 신생아 중에서 몸무게가 3.9 kg 이하인 신생아 수를 오른쪽 표준정규분포표를 이용하여 구한 것은?

① 805명   ② 885명   ③ 920명

④ 946명   ⑤ 964명

z	$P(0 \leq Z \leq z)$
1.2	0.385
1.4	0.420
1.6	0.446
1.8	0.464

| 필수 예제 06 |

08 안타를 칠 확률이 0.4인 야구 선수가 150번의 타석에서 안타를 친 횟수가 k번 이하일 확률이 0.0228이라 할 때, 자연수 k의 값을 오른쪽 표준정규분포표를 이용하여 구한 것은?

① 40   ② 42   ③ 44

④ 46   ⑤ 48

z	$P(0 \leq Z \leq z)$
1.0	0.3413
1.5	0.4332
2.0	0.4772
2.5	0.4938

| 필수 예제 01 |

09
평가원 기출

연속확률변수 X가 갖는 값의 범위는 $0 \leq X \leq 8$이고, X의 확률밀도함수 $f(x)$의 그래프는 직선 $x=4$에 대하여 대칭이다.

$$3P(2 \leq X \leq 4) = 4P(6 \leq X \leq 8)$$

일 때, $P(2 \leq X \leq 6)$은?

① $\dfrac{3}{7}$ ② $\dfrac{1}{2}$ ③ $\dfrac{4}{7}$ ④ $\dfrac{9}{14}$ ⑤ $\dfrac{5}{7}$

📖 NOTE

| 필수 예제 06 |

10
수능 기출

다음은 어느 백화점에서 판매하고 있는 등산화에 대한 제조회사별 고객의 선호도를 조사한 표이다.

제조회사	A	B	C	D	합계
선호도(%)	20	28	25	27	100

192명의 고객이 각각 한 켤레씩 등산화를 산다고 할 때, C 회사 제품을 선택할 고객이 42명 이상일 확률을 오른쪽 표준정규분포표를 이용하여 구한 것은?

① 0.6915   ② 0.7745   ③ 0.8256

④ 0.8332   ⑤ 0.8413

z	$P(0 \leq Z \leq z)$
0.5	0.1915
1.0	0.3413
1.5	0.4332
2.0	0.4772

선호도는 각 제조회사 제품을 택할 확률이다.

1 다음 ☐ 안에 알맞은 것을 쓰시오.

• 정답 및 해설 47쪽

(1) 확률변수가 어떤 범위에 속하는 모든 실수의 값을 가질 때, 그 확률변수를 ☐ 라 한다.

(2) $\alpha \leq X \leq \beta$에서 모든 실수의 값을 가지는 연속확률변수 X에 대하여 $\alpha \leq X \leq \beta$에서 정의된 함수 $f(x)$가 다음 세 가지 성질을 모두 만족시킬 때, 함수 $f(x)$를 확률변수 X의 ☐ 라 한다.

  ① $f(x) \geq$ ☐

  ② 함수 $y=f(x)$의 그래프와 x축 및 두 직선 $x=a$, $x=\beta$로 둘러싸인 도형의 넓이는 ☐ 이다.

  ③ $\mathrm{P}(a \leq X \leq b)$는 함수 $y=f(x)$의 그래프와 x축 및 두 직선 $x=a$, $x=b$로 둘러싸인 도형의 넓이와 같다.

                                                         (단, $\alpha \leq a \leq b \leq \beta$)

(3) 평균과 분산이 각각 m, σ^2인 정규분포를 기호로 ☐ 으로 나타내고, '확률변수 X는 정규분포 $\mathrm{N}(m, \sigma^2)$을 따른다'고 한다.

(4) 정규분포 $\mathrm{N}(m, \sigma^2)$을 따르는 확률변수 X의 확률밀도함수의 그래프는 직선 $x=$☐에 대하여 대칭이고, x축이 점근선인 종 모양의 곡선이다.

(5) 평균이 0이고, 분산이 1인 정규분포 $\mathrm{N}(0, 1)$을 ☐ 라 한다.

(6) 확률변수 X가 이항분포 $\mathrm{B}(n, p)$를 따를 때, n이 충분히 크면 X는 근사적으로 정규분포 $\mathrm{N}($☐$, npq)$를 따른다.

                                                          (단, $q=1-p$)

2 다음 문장이 옳으면 ○표, 옳지 않으면 ×표를 ( ) 안에 쓰시오.

(1) 연속확률변수 X에 대하여 $\mathrm{P}(X=x)=0$이다.   (   )

(2) 정규분포 $\mathrm{N}(m, \sigma^2)$을 따르는 확률변수 X의 확률밀도함수의 그래프는 σ의 값이 일정할 때,

  m의 값이 달라지면 대칭축의 위치는 바뀌지만 그래프의 모양은 변하지 않는다.   (   )

(3) 정규분포 $\mathrm{N}(m, \sigma^2)$을 따르는 확률변수 X에 대하여 $\mathrm{P}(X \leq a)=\mathrm{P}(X \geq b)$이면

  $\dfrac{a+b}{2}=m$이다. (단, a, b는 실수이다.)   (   )

(4) 확률변수 X가 정규분포 $\mathrm{N}(10, 4)$를 따를 때, 확률변수 $Z=\dfrac{X-10}{4}$은 표준정규분포 $\mathrm{N}(0, 1)$을

  따른다.   (   )

(5) 확률변수 X가 이항분포 $\mathrm{B}\left(72, \dfrac{2}{3}\right)$를 따를 때, X는 근사적으로 정규분포 $\mathrm{N}(48, 4^2)$을 따른다.   (   )

07

통계적 추정

07 III. 통계
통계적 추정

1 모집단과 표본

(1) **모집단**: 통계 조사에서 조사의 대상이 되는 집단 전체

(2) **표본**: 모집단에서 뽑은 일부분

(3) **전수조사**: 모집단 전체를 조사하는 것

(4) **표본조사**: 모집단의 일부를 택하여 조사하는 것

(5) **표본의 크기**: 표본조사에서 뽑은 표본의 개수

(6) **추출**: 모집단에서 표본을 뽑는 것

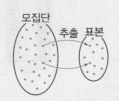

2 임의추출

표본을 추출할 때, 모집단에 속하는 각 대상이 같은 확률로 추출되도록 하는 방법을 **임의추출**이라 한다.

(1) **복원추출**: 한 번 추출된 대상을 되돌려 놓은 후 다시 추출하는 방법

(2) **비복원추출**: 추출된 대상을 되돌려 놓지 않고 다시 추출하는 방법

3 모평균과 표본평균

(1) **모평균, 모분산, 모표준편차**

모집단에서 조사하고자 하는 특성을 나타내는 확률변수 X의 평균, 분산, 표준편차를 각각 **모평균, 모분산, 모표준편차**라 하고, 이것을 각각 기호로 m, σ^2, σ와 같이 나타낸다.

(2) **표본평균, 표본분산, 표본표준편차**

모집단에서 크기가 n인 표본 X_1, X_2, X_3, $\cdots$, X_n을 임의추출할 때, 이들의 평균, 분산, 표준편차를 각각 **표본평균, 표본분산, 표본표준편차**라 하고, 이것을 각각 기호로 $\overline{X}$, S^2, S와 같이 나타낸다. 이때

$$\overline{X} = \frac{1}{n}(X_1 + X_2 + X_3 + \cdots + X_n)$$

$$S^2 = \frac{1}{n-1}\{(X_1 - \overline{X})^2 + (X_2 - \overline{X})^2 + (X_3 - \overline{X})^2 + \cdots + (X_n - \overline{X})^2\} ❶$$

$$S = \sqrt{S^2}$$

4 표본평균의 평균, 분산, 표준편차

모평균이 m이고 모표준편차가 σ인 모집단에서 크기가 n인 표본을 임의추출할 때, 표본평균 $\overline{X}$ ❷의 평균, 분산, 표준편차는

$$\mathrm{E}(\overline{X}) = m, \ \mathrm{V}(\overline{X}) = \frac{\sigma^2}{n}, \ \sigma(\overline{X}) = \frac{\sigma}{\sqrt{n}}$$

$$\downarrow \sqrt{\mathrm{V}(X)}$$

5 표본평균의 분포

모평균이 m, 모표준편차가 σ인 모집단에서 크기가 n인 표본을 임의추출할 때, 표본평균 $\overline{X}$에 대하여 다음이 성립한다.

(1) 모집단이 정규분포 $\mathrm{N}(m, \sigma^2)$을 따르면 $\overline{X}$는 정규분포 $\mathrm{N}\left(m, \frac{\sigma^2}{n}\right)$을 따른다.

(2) 모집단의 분포가 정규분포를 따르지 않아도 n이 충분히 크면 $\overline{X}$는 근사적으로 정규분포 $\mathrm{N}\left(m, \frac{\sigma^2}{n}\right)$을 따른다.

6 모평균의 신뢰구간

(1) 추정

표본으로부터 얻은 정보를 이용하여 모평균, 모분산, 모표준편차 등과 같이 모집단의 특성을 나타내는 값을 추측하는 것을 **추정**이라 한다.

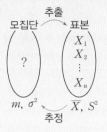

(2) 모평균의 신뢰구간

정규분포 $N(m, \sigma^2)$을 따르는 모집단에서 크기가 n인 표본을 임의추출할 때, 표본평균 $\overline{X}$의 값이 $\overline{x}$이면 모평균 m에 대한 신뢰구간은 다음과 같다.

① 신뢰도 95 %의 신뢰구간: $\overline{x} - 1.96 \dfrac{\sigma}{\sqrt{n}} \leq m \leq \overline{x} + 1.96 \dfrac{\sigma}{\sqrt{n}}$

② 신뢰도 99 %의 신뢰구간: $\overline{x} - 2.58 \dfrac{\sigma}{\sqrt{n}} \leq m \leq \overline{x} + 2.58 \dfrac{\sigma}{\sqrt{n}}$

참고 n이 충분히 크면 모표준편차 σ 대신 표본표준편차 S를 이용할 수 있다.

7 모비율과 표본비율

(1) 모비율

모집단에서 어떤 사건에 대한 비율을 그 사건의 **모비율**이라 하며, 기호로 p**❸**로 나타낸다.

(2) 표본비율

모집단에서 임의추출한 표본에서 어떤 사건에 대한 비율을 그 사건의 **표본비율**이라 하고, 기호로 $\hat{p}$**❹**으로 나타낸다.

일반적으로 크기가 n인 표본에서 어떤 사건이 일어나는 횟수를 확률변수 X라 할 때, 그 사건의 표본비율은 $\hat{p} = \dfrac{X}{n}$**❺**이다.

8 표본비율의 평균, 분산, 표준편차

모비율이 p인 모집단에서 크기가 n인 표본을 임의추출할 때, 표본비율 $\hat{p}$의 평균, 분산, 표준편차는 (단, $q = 1 - p$)

$$\mathrm{E}(\hat{p}) = p, \quad \mathrm{V}(\hat{p}) = \frac{pq}{n}, \quad \sigma(\hat{p}) = \underbrace{\sqrt{\frac{pq}{n}}}_{\sqrt{\mathrm{V}(\hat{p})}}$$

9 표본비율의 분포

모비율이 p인 모집단에서 크기가 n인 표본을 임의추출할 때, n이 충분히 크면 표본비율 $\hat{p}$은 근사적으로 정규분포 $N\left(p, \dfrac{pq}{n}\right)$를 따르고, 확률변수 $Z = \dfrac{\hat{p} - p}{\sqrt{\dfrac{pq}{n}}}$는 근사적으로 표준정규분포 $N(0, 1)$을 따른다. (단, $q = 1 - p$)

10 모비율의 신뢰구간

모집단에서 임의추출한 크기가 n인 표본의 표본비율이 $\hat{p}$일 때, 표본의 크기 n이 충분히 크면 모비율 p에 대한 신뢰구간은 다음과 같다. (단, $\hat{q} = 1 - \hat{p}$)

(1) 신뢰도 95 %의 신뢰구간: $\hat{p} - 1.96 \sqrt{\dfrac{\hat{p}\hat{q}}{n}} \leq p \leq \hat{p} + 1.96 \sqrt{\dfrac{\hat{p}\hat{q}}{n}}$

(2) 신뢰도 99 %의 신뢰구간: $\hat{p} - 2.58 \sqrt{\dfrac{\hat{p}\hat{q}}{n}} \leq p \leq \hat{p} + 2.58 \sqrt{\dfrac{\hat{p}\hat{q}}{n}}$

개념 플러스⁺

❸ p는 비율을 나타내는 proportion의 첫 글자이다.

❹ $\hat{p}$은 'p−hat'이라 읽는다.

❺ $\hat{p} = \dfrac{X}{n}$에서 X가 확률변수이므로 $\hat{p}$도 확률변수이다.

■ 표본의 크기 n이 충분히 크다는 것은 일반적으로 $np \geq 5$, $nq \geq 5$일 때를 뜻한다.

■ 표본의 크기 n이 충분히 크다는 것은 일반적으로 $n\hat{p} \geq 5$, $n\hat{q} \geq 5$일 때를 뜻한다.

1 다음을 조사할 때, 전수조사와 표본조사 중 더 적합한 것을 말하시오.

  (1) 배터리의 평균 수명   (2) 우리 반 수학 성적의 평균

  (3) 우리나라 인구   (4) 과일의 당도

2 1부터 10까지의 자연수가 하나씩 적힌 10개의 공이 들어 있는 주머니에서 2개의 공을 다음과 같이 추출할 때, 나올 수 있는 모든 경우의 수를 구하시오.

  (1) 한 개씩 복원추출   (2) 한 개씩 비복원추출

3 모평균이 $m=50$, 모표준편차가 $\sigma=2$인 모집단에서 크기가 $n=25$인 표본을 임의추출할 때, 표본평균 $\overline{X}$에 대하여 다음을 구하시오.

  (1) $\mathrm{E}(\overline{X})$ (2) $\mathrm{V}(\overline{X})$ (3) $\sigma(\overline{X})$

4 모집단이 따르는 정규분포와 임의추출한 표본의 크기 n이 다음과 같을 때, 표본평균 $\overline{X}$가 따르는 정규분포를 기호로 나타내시오.

  (1) $\mathrm{N}(20, 5^2)$, $n=36$ (2) $\mathrm{N}(30, 4^2)$, $n=64$

5 모표준편차가 $\sigma=10$인 모집단에서 크기가 $n=25$인 표본을 임의추출하여 구한 표본평균의 값이 $\overline{x}=50$일 때, 모평균 m에 대하여 다음을 구하시오. (단, 모집단은 정규분포를 따르고, $\mathrm{P}(|Z|\leq1.96)=0.95$, $\mathrm{P}(|Z|\leq2.58)=0.99$로 계산한다.)

  (1) 신뢰도 95 %의 신뢰구간

  (2) 신뢰도 99 %의 신뢰구간

6 모비율이 $p=0.4$인 모집단에서 크기가 $n=24$인 표본을 임의추출할 때, 표본비율 $\hat{p}$에 대하여 다음을 구하시오.

  (1) $\mathrm{E}(\hat{p})$ (2) $\mathrm{V}(\hat{p})$ (3) $\sigma(\hat{p})$

7 모비율 p와 모집단에서 임의추출한 표본의 크기 n이 다음과 같을 때, 표본비율 $\hat{p}$이 근사적으로 따르는 정규분포를 기호로 나타내시오.

  (1) $p=0.5$, $n=100$ (2) $p=0.2$, $n=400$

8 모집단에서 크기가 $n=900$인 표본을 임의추출하여 구한 표본비율이 $\hat{p}=0.1$일 때, 모비율 p에 대하여 다음을 구하시오.

                         (단, $\mathrm{P}(|Z|\leq1.96)=0.95$, $\mathrm{P}(|Z|\leq2.58)=0.99$로 계산한다.)

  (1) 신뢰도 95 %의 신뢰구간

  (2) 신뢰도 99 %의 신뢰구간

교과서 예제로 **개념 익히기**

필수 예제 **1** **표본평균의 평균, 분산, 표준편차**

◉ 빠지기 쉬운 함정

모평균이 10, 모표준편차가 4인 모집단에서 크기가 100인 표본을 임의추출할 때, 표본평균 $\overline{X}$에 대하여 $\mathrm{E}(\overline{X}) \times \sigma(\overline{X})$의 값을 구하시오.

표본평균 $\overline{X}$와 표본평균의 평균 $\mathrm{E}(\overline{X})$를 혼동하여 잘못 구하는 경우가 있으니 주의한다.

숫자 바꾼

1-1 모평균이 12, 모표준편차가 9인 모집단에서 크기가 27인 표본을 임의추출할 때, 표본평균 $\overline{X}$에 대하여 $\dfrac{\mathrm{E}(\overline{X})}{\mathrm{V}(\overline{X})}$의 값을 구하시오.

1-2 모표준편차가 4인 모집단에서 크기가 n인 표본을 임의추출할 때, 표본평균 $\overline{X}$의 표준편차가 0.5 이하가 되도록 하는 자연수 n의 최솟값을 구하시오.

1-3 모집단의 확률변수 X의 확률분포를 표로 나타내면 다음과 같다. 이 모집단에서 크기가 4인 표본을 임의추출할 때, 표본평균 $\overline{X}$에 대하여 $\dfrac{\mathrm{E}(\overline{X})}{\mathrm{V}(\overline{X})}$의 값을 구하시오.

X	1	2	3	4	합계
$\mathrm{P}(X=x)$	$\dfrac{2}{5}$	$\dfrac{3}{10}$	$\dfrac{1}{5}$	$\dfrac{1}{10}$	1

필수 예제 2 표본평균의 확률

정규분포 $N(50, 4^2)$을 따르는 모집단에서 크기가 64인 표본을 임의추출할 때, 표본평균 $\overline{X}$에 대하여 $P(\overline{X} \geq 49)$를 오른쪽 표준정규분포표를 이용하여 구하시오.

z	$P(0 \leq Z \leq z)$
0.5	0.1915
1.0	0.3413
1.5	0.4332
2.0	0.4772

● 다시 정리하는 개념

모집단이 정규분포 $N(m, \sigma^2)$을 따르면 표본평균 $\overline{X}$는 정규분포 $N\left(m, \dfrac{\sigma^2}{n}\right)$을 따른다.

숫자 바꿔

2-1 정규분포 $N(12, 5^2)$을 따르는 모집단에서 크기가 25인 표본을 임의추출할 때, 표본평균 $\overline{X}$에 대하여 $P(10 \leq \overline{X} \leq 13)$을 오른쪽 표준정규분포표를 이용하여 구하시오.

z	$P(0 \leq Z \leq z)$
1.0	0.3413
1.5	0.4332
2.0	0.4772
2.5	0.4938

2-2 정규분포 $N(60, 2^2)$을 따르는 모집단에서 크기가 n인 표본을 임의추출할 때, 표본평균 X에 대하여 $P(\overline{X} \geq 60.5) = 0.1587$을 만족시키는 자연수 n의 값을 오른쪽 표준정규분포표를 이용하여 구하시오.

z	$P(0 \leq Z \leq z)$
0.5	0.1915
1.0	0.3413
1.5	0.4332
2.0	0.4772

2-3 어느 공장에서 생산되는 치약 한 개의 무게는 평균이 $130\,g$, 표준편차가 $3\,g$인 정규분포를 따른다고 한다. 이 공장에서 생산된 치약 중에서 임의추출한 225개의 치약의 무게의 표본평균이 $130.3\,g$ 이하일 확률을 오른쪽 표준정규분포표를 이용하여 구하시오.

z	$P(0 \leq Z \leq z)$
1.0	0.3413
1.5	0.4332
2.0	0.4772
2.5	0.4938

필수 예제 3 모평균의 신뢰구간

▶ 문제 해결 tip

정규분포 $N(m, 7^2)$을 따르는 모집단에서 크기가 49인 표본을 임의추출하여 구한 표본평균이 100일 때, 모평균 m에 대한 신뢰도 95 %의 신뢰구간을 구하시오.

(단, $P(|Z| \leq 1.96) = 0.95$로 계산한다.)

$P(|Z| \leq 1.96) = 0.95$는 95 %의 신뢰도로 모평균을 추정할 때, $\dfrac{\sigma}{\sqrt{n}}$의 계수가 1.96이라는 것을 나타낸다.

숫자 바꿈

3-1 정규분포 $N(m, 16^2)$을 따르는 모집단에서 크기가 64인 표본을 임의추출하여 구한 표본평균이 400일 때, 모평균 m에 대한 신뢰도 99 %의 신뢰구간을 구하시오.

(단, $P(|Z| \leq 2.58) = 0.99$로 계산한다.)

3-2 정규분포 $N(m, \sigma^2)$을 따르는 모집단에서 크기가 25인 표본을 임의추출하여 구한 표본평균이 70일 때, 모평균 m에 대한 신뢰도 95 %의 신뢰구간이 $64.12 \leq m \leq 75.88$이다. σ의 값을 구하시오. (단, $P(|Z| \leq 1.96) = 0.95$로 계산한다.)

3-3 어느 공장에서 생산되는 인형의 무게는 평균이 m g, 표준편차가 18 g인 정규분포를 따른다고 한다. 이 공장에서 생산된 인형 81개를 임의추출하여 무게를 조사하였더니 평균이 380 g이었다. 이 공장에서 생산된 인형의 무게의 모평균 m에 대한 신뢰도 95 %의 신뢰구간을 구하시오. (단, $P(|Z| \leq 1.96) = 0.95$로 계산한다.)

필수 예제 4 **표본비율의 분포**

모비율이 0.1인 모집단에서 크기가 400인 표본을 임의추출하여 구한 표본비율이 $\hat{p}$일 때, $P(0.07 \leq \hat{p} \leq 0.13)$을 오른쪽 표준정규분포표를 이용하여 구하시오.

z	$P(0 \leq Z \leq z)$
0.5	0.1915
1.0	0.3413
1.5	0.4332
2.0	0.4772

● **다시 정리하는 개념**

모비율이 p인 모집단에서 크기가 n인 표본을 임의추출할 때, n이 충분히 크면 표본비율 $\hat{p}$은 근사적으로 정규분포 $N\left(p, \dfrac{pq}{n}\right)$를 따른다. (단, $q = 1 - p$)

숫자 바꿈

4-1 모비율이 0.25인 모집단에서 크기가 300인 표본을 임의추출하여 구한 표본비율이 $\hat{p}$일 때, $P(\hat{p} \leq 0.275)$를 오른쪽 표준정규분포표를 이용하여 구하시오.

z	$P(0 \leq Z \leq z)$
1.0	0.3413
1.5	0.4332
2.0	0.4772
2.5	0.4938

4-2 모비율이 0.8인 모집단에서 크기가 100인 표본을 임의추출하여 구한 표본비율이 $\hat{p}$일 때, $P(\hat{p} \geq a) = 0.9772$이다. a의 값을 오른쪽 표준정규분포표를 이용하여 구하시오.

z	$P(0 \leq Z \leq z)$
0.5	0.1915
1.0	0.3413
1.5	0.4332
2.0	0.4772

4-3 스마트 워치를 생산하는 어느 공장에서는 생산 과정에서 2%의 불량품이 발생한다고 한다. 이 공장에서 생산된 스마트 워치 중에서 400개를 임의추출하여 조사하였을 때, 불량품의 비율이 2.7% 이상일 확률을 구하시오.

z	$P(0 \leq Z \leq z)$
1.0	0.3413
1.5	0.4332
2.0	0.4772
2.5	0.4938

필수 예제 **5** 모비율의 신뢰구간

모비율이 p인 모집단에서 크기가 300인 표본을 임의추출하여 구한 표본비율이 $\dfrac{3}{4}$일 때, 모비율 p에 대한 신뢰도 95 %의 신뢰구간을 구하시오. (단, $P(\lvert Z \rvert \leq 1.96) = 0.95$로 계산한다.)

❖ 문제 해결 tip

$P(\lvert Z \rvert \leq 1.96) = 0.95$는 95 % 의 신뢰도로 모비율을 추정할 때, $\sqrt{\dfrac{\hat{p}\hat{q}}{n}}$ 의 계수가 1.96이라는 것 을 나타낸다.

숫자 바꿈

5-1 모비율이 p인 모집단에서 크기가 64인 표본을 임의추출하여 구한 표본비율이 $\dfrac{1}{5}$일 때, 모비율 p에 대한 신뢰도 99 %의 신뢰구간을 구하시오.

(단, $P(\lvert Z \rvert \leq 2.58) = 0.99$로 계산한다.)

5-2 어느 회사에서 직원 600명을 임의추출하여 성별을 조사하였더니 360명이 남자였다. 이 회사 전체 직원 중에서 남자 직원의 비율 p에 대한 신뢰도 95 %의 신뢰구간을 구하시오.

(단, $P(\lvert Z \rvert \leq 1.96) = 0.95$로 계산한다.)

5-3 어느 도시의 주민 n명을 임의추출하여 발전소 유치에 관한 여론 조사를 하였더니 70 %가 찬성하였다. 이 도시의 발전소 유치에 관한 찬성률 p에 대한 신뢰도 99 %의 신뢰구간이 $a \leq p \leq b$일 때, $b - a = 0.0516$이다. 자연수 n의 값을 구하시오.

(단, $P(\lvert Z \rvert \leq 2.58) = 0.99$로 계산한다.)

| 필수 예제 01 |

01 숫자 1, 2, 2, 2, 3이 하나씩 적힌 5개의 공이 들어 있는 주머니에서 2개의 공을 임의추출할 때, 공에 적힌 수의 평균을 $\overline{X}$라 하자. $\mathrm{V}(\overline{X})$는?

① $\dfrac{1}{7}$ ② $\dfrac{1}{6}$ ③ $\dfrac{1}{5}$ ④ $\dfrac{1}{4}$ ⑤ $\dfrac{1}{3}$

📖 NOTE

| 필수 예제 01 |

02 모집단의 확률변수 X가 이항분포 $\mathrm{B}\left(100, \dfrac{1}{5}\right)$을 따른다. 이 모집단에서 크기가 4인 표본을 임의추출할 때, 표본평균 $\overline{X}$에 대하여 $\mathrm{E}(\overline{X}^2)$은?

① 400   ② 402   ③ 404   ④ 406   ⑤ 408

확률변수 X가 이항분포 $\mathrm{B}(n, p)$를 따르면
$\mathrm{E}(X)=np$,
$\mathrm{V}(X)=np(1-p)$

| 필수 예제 02 |

03 어느 농장에서 재배되는 사과 한 개의 무게는 평균이 430g, 표준편차가 σ g인 정규분포를 따른다고 한다. 이 농장에서 재배된 사과 중에서 임의추출한 144개의 사과의 무게의 표본평균이 431 g 이하일 확률이 0.8413이다. 양수 σ의 값을 오른쪽 표준정규분포표를 이용하여 구하시오.

z	$\mathrm{P}(0 \le Z \le z)$
1.0	0.3413
1.5	0.4332
2.0	0.4772
2.5	0.4938

| 필수 예제 02 |

04 정규분포 $\mathrm{N}(30, 8^2)$을 따르는 모집단에서 크기가 16인 표본을 임의추출하여 구한 표본평균을 $\overline{X}$, 정규분포 $\mathrm{N}(45, \sigma^2)$을 따르는 모집단에서 크기가 81인 표본을 임의추출하여 구한 표본평균을 $\overline{Y}$라 하자.
$\mathrm{P}(\overline{X} \le 34) + \mathrm{P}(\overline{Y} \ge 47) = 1$일 때, $\mathrm{P}(\overline{Y} \ge 44)$를 오른쪽 표준정규분포표를 이용하여 구한 것은?

z	$\mathrm{P}(0 \le Z \le z)$
0.5	0.1915
1.0	0.3413
1.5	0.4332
2.0	0.4772

① 0.6915   ② 0.8413   ③ 0.8332   ④ 0.9104   ⑤ 0.9772

| 필수 예제 03 |

05 정규분포 $N(m, 5^2)$을 따르는 모집단에서 크기가 n인 표본을 임의추출하여 구한 모평균 m에 대한 신뢰도 99 %의 신뢰구간이 $a \leq m \leq b$이다. $b-a \leq 0.86$을 만족시키는 자연수 n의 최솟값을 구하시오. (단, $P(|Z| \leq 2.58) = 0.99$로 계산한다.)

| 필수 예제 03 |

06 정규분포 $N(m, \sigma^2)$을 따르는 모집단에서 크기가 n인 표본을 임의추출하여 구한 모평균 m에 대한 신뢰도 95 %의 신뢰구간이 $60.2 \leq m \leq 79.8$이다. 같은 표본을 이용하여 구한 모평균 m에 대한 신뢰도 99 %의 신뢰구간은?

(단, $P(|Z| \leq 1.96) = 0.95$, $P(|Z| \leq 2.58) = 0.99$로 계산한다.)

① $66.1 \leq m \leq 73.9$ ② $63.1 \leq m \leq 76.9$

③ $60.1 \leq m \leq 79.9$ ④ $57.1 \leq m \leq 82.9$

⑤ $54.1 \leq m \leq 85.9$

모평균 m에 대한 신뢰도 95 %의 신뢰구간을 이용하여 표본평균의 값과 $\frac{\sigma}{\sqrt{n}}$의 값을 각각 구한다.

| 필수 예제 04 |

07 어느 종묘 회사에서 판매하는 해바라기 씨앗의 발아율은 90 %라 한다. 이 종묘 회사에서 판매하는 해바라기 씨앗 중 100개를 임의추출하여 심었을 때, 84개 이상 발아할 확률은?

z	$P(0 \leq Z \leq z)$
1.0	0.3413
1.5	0.4332
2.0	0.4772
2.5	0.4938

① 0.7745   ② 0.8413   ③ 0.9332

④ 0.9772   ⑤ 0.9938

| 필수 예제 05 |

08 어느 TV 프로그램 시청률을 알아보기 위하여 300가구를 임의추출하여 조사하였더니 75가구가 이 프로그램을 시청하였다. 이 프로그램의 시청률 p를 신뢰도 95 %로 추정할 때, $|p-0.25| \leq k$이다. 실수 k의 최솟값은?

(단, $P(0 \leq Z \leq 1.96)=0.475$로 계산한다.)

① 0.041   ② 0.043   ③ 0.045   ④ 0.047   ⑤ 0.049

| 필수 예제 02 |

09 평가원 기출

어느 회사에서 일하는 플랫폼 근로자의 일주일 근무 시간은 평균이 m시간, 표준편차가 5시간인 정규분포를 따른다고 한다. 이 회사에서 일하는 플랫폼 근로자 중에서 임의추출한 36명의 일주일 근무 시간의 표본평균이 38시간 이상일 확률을 오른쪽 표준정규분포표를 이용하여 구한 값이 0.9332일 때, m의 값은?

z	$P(0 \leq Z \leq z)$
0.5	0.1915
1.0	0.3413
1.5	0.4332
2.0	0.4772

① 38.25   ② 38.75   ③ 39.25   ④ 39.75   ⑤ 40.25

| 필수 예제 05 |

10 교육청 기출

다음은 어느 회사의 직원 중 임의로 선택한 100명의 출근 소요 시간을 조사한 표이다.

소요 시간	인원수(명)
30분 미만	4
30분 이상 60분 미만	16
60분 이상 90분 미만	50
90분 이상 120분 미만	30
합계	100

이 결과를 이용하여 얻은 이 회사의 전체 직원 중 출근 소요 시간이 60분 이상 120분 미만인 직원의 비율 p에 대한 신뢰도 95 %의 신뢰구간이 $a \leq p \leq b$일 때, $5000(b-a)$의 값은? (단, $P(|Z| \leq 1.96)=0.95$로 계산한다.)

① 392   ② 784   ③ 1176   ④ 1568   ⑤ 1960

• 정답 및 해설 52쪽

1 다음 ☐ 안에 알맞은 것을 쓰시오.

(1) 표본을 추출할 때, 모집단에 속하는 각 대상이 같은 확률로 추출되도록 하는 방법을 ☐☐☐☐ 이라 한다.

(2) 모평균이 m이고 모표준편차가 σ인 모집단에서 크기가 n인 표본을 임의추출할 때, 표본평균 $\overline{X}$의 평균, 분산, 표준편차는

$$\mathrm{E}(\overline{X})=\boxed{},\ \mathrm{V}(\overline{X})=\frac{\sigma^2}{\boxed{}},\ \sigma(\overline{X})=\frac{\sigma}{\boxed{}}$$

(3) 정규분포 $\mathrm{N}(m,\ \sigma^2)$을 따르는 모집단에서 크기가 n인 표본을 임의추출할 때, 표본평균 $\overline{X}$의 값이 $\overline{x}$이면 모평균 m에 대한 신뢰구간은

① 신뢰도 95 %의 신뢰구간: $\overline{x}-1.96\dfrac{\sigma}{\boxed{}}\leq m\leq\overline{x}+1.96\dfrac{\sigma}{\boxed{}}$

② 신뢰도 99 %의 신뢰구간: $\overline{x}-2.58\dfrac{\boxed{}}{\sqrt{n}}\leq m\leq\overline{x}+2.58\dfrac{\boxed{}}{\sqrt{n}}$

(4) 모비율이 p인 모집단에서 크기가 n인 표본을 임의추출할 때, 표본비율 $\hat{p}$의 평균, 분산, 표준편차는 (단, $q=1-p$)

$$\mathrm{E}(\hat{p})=\boxed{},\ \mathrm{V}(\hat{p})=\frac{pq}{\boxed{}},\ \sigma(\hat{p})=\sqrt{\frac{pq}{\boxed{}}}$$

(5) 모집단에서 임의추출한 크기가 n인 표본의 표본비율이 $\hat{p}$일 때, 표본의 크기 n이 충분히 크면 모비율 p에 대한 신뢰구간은 (단, $\hat{q}=1-\hat{p}$)

① 신뢰도 95 %의 신뢰구간: $\hat{p}-1.96\sqrt{\dfrac{\hat{p}\hat{q}}{\boxed{}}}\leq p\leq\hat{p}+1.96\sqrt{\dfrac{\hat{p}\hat{q}}{\boxed{}}}$

② 신뢰도 99 %의 신뢰구간: $\hat{p}-2.58\sqrt{\dfrac{\boxed{}}{n}}\leq p\leq\hat{p}+2.58\sqrt{\dfrac{\boxed{}}{n}}$

2 다음 문장이 옳으면 ○표, 옳지 않으면 ×표를 ( ) 안에 쓰시오.

(1) 모집단 전체를 조사하는 것을 전수조사라 하고, 모집단의 일부를 택하여 조사하는 것을 표본조사라 한다. ( )

(2) 정규분포 $\mathrm{N}(m,\ \sigma^2)$을 따르는 모집단에서 크기가 n인 표본을 임의추출할 때, 표본평균 $\overline{X}$는 정규분포 $\mathrm{N}\left(m,\ \dfrac{\sigma^2}{n}\right)$을 따른다. ( )

(3) 모비율이 p인 모집단에서 크기가 n인 표본을 임의추출할 때, n이 충분히 크면 표본비율 $\hat{p}$은 근사적으로 정규분포 $\mathrm{N}\left(p,\ \dfrac{pq}{n}\right)$를 따르고, 확률변수 $Z=\dfrac{\hat{p}-p}{\dfrac{pq}{n}}$는 근사적으로 표준정규분포 $\mathrm{N}(0,\ 1)$을 따른다. (단, $q=1-p$) ( )

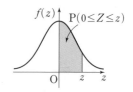

z	0.00	0.01	0.02	0.03	0.04	0.05	0.06	0.07	0.08	0.09
0.0	.0000	.0040	.0080	.0120	.0160	.0199	.0239	.0279	.0319	.0359
0.1	.0398	.0438	.0478	.0517	.0557	.0596	.0636	.0675	.0714	.0753
0.2	.0793	.0832	.0871	.0910	.0948	.0987	.1026	.1064	.1103	.1141
0.3	.1179	.1217	.1255	.1293	.1331	.1368	.1406	.1443	.1480	.1517
0.4	.1554	.1591	.1628	.1664	.1700	.1736	.1772	.1808	.1844	.1879
0.5	.1915	.1950	.1985	.2019	.2054	.2088	.2123	.2157	.2190	.2224
0.6	.2257	.2291	.2324	.2357	.2389	.2422	.2454	.2486	.2517	.2549
0.7	.2580	.2611	.2642	.2673	.2704	.2734	.2764	.2794	.2823	.2852
0.8	.2881	.2910	.2939	.2967	.2995	.3023	.3051	.3078	.3106	.3133
0.9	.3159	.3186	.3212	.3238	.3264	.3289	.3315	.3340	.3365	.3389
1.0	.3413	.3438	.3461	.3485	.3508	.3531	.3554	.3577	.3599	.3621
1.1	.3643	.3665	.3686	.3708	.3729	.3749	.3770	.3790	.3810	.3830
1.2	.3849	.3869	.3888	.3907	.3925	.3944	.3962	.3980	.3997	.4015
1.3	.4032	.4049	.4066	.4082	.4099	.4115	.4131	.4147	.4162	.4177
1.4	.4192	.4207	.4222	.4236	.4251	.4265	.4279	.4292	.4306	.4319
1.5	.4332	.4345	.4357	.4370	.4382	.4394	.4406	.4418	.4429	.4441
1.6	.4452	.4463	.4474	.4484	.4495	.4505	.4515	.4525	.4535	.4545
1.7	.4554	.4564	.4573	.4582	.4591	.4599	.4608	.4616	.4625	.4633
1.8	.4641	.4649	.4656	.4664	.4671	.4678	.4686	.4693	.4699	.4706
1.9	.4713	.4719	.4726	.4732	.4738	.4744	.4750	.4756	.4761	.4767
2.0	.4772	.4778	.4783	.4788	.4793	.4798	.4803	.4808	.4812	.4817
2.1	.4821	.4826	.4830	.4834	.4838	.4842	.4846	.4850	.4854	.4857
2.2	.4861	.4864	.4868	.4871	.4875	.4878	.4881	.4884	.4887	.4890
2.3	.4893	.4896	.4898	.4901	.4904	.4906	.4909	.4911	.4913	.4916
2.4	.4918	.4920	.4922	.4925	.4927	.4929	.4931	.4932	.4934	.4936
2.5	.4938	.4940	.4941	.4943	.4945	.4946	.4948	.4949	.4951	.4952
2.6	.4953	.4955	.4956	.4957	.4959	.4960	.4961	.4962	.4963	.4964
2.7	.4965	.4966	.4967	.4968	.4969	.4970	.4971	.4972	.4973	.4974
2.8	.4974	.4975	.4976	.4977	.4977	.4978	.4979	.4979	.4980	.4981
2.9	.4981	.4982	.4982	.4983	.4984	.4984	.4985	.4985	.4986	.4986
3.0	.4987	.4987	.4987	.4988	.4988	.4989	.4989	.4989	.4990	.4990
3.1	.4990	.4991	.4991	.4991	.4992	.4992	.4992	.4992	.4993	.4993
3.2	.4993	.4993	.4994	.4994	.4994	.4994	.4994	.4995	.4995	.4995
3.3	.4995	.4995	.4995	.4996	.4996	.4996	.4996	.4996	.4996	.4997
3.4	.4997	.4997	.4997	.4997	.4997	.4997	.4997	.4997	.4997	.4998

수학이 쉬워지는
완벽한 솔루션

완쏠

개념 라이트

확률과 통계

정답 및 해설

메가스터디BOOKS

수학이 쉬워지는
완벽한 솔루션

완쏠

개념 라이트

확률과 통계

정답 및 해설

SPEED CHECK

필수 예제 3 (1) 4   (2) 20

3-1 (1) 15   (2) 126

3-2 35

3-3 70

필수 예제 4 (1) 270   (2) 15

4-1 (1) 240   (2) −12

4-2 −1

4-3 9

필수 예제 5 1023

5-1 1

5-2 $\dfrac{1}{8}$

5-3 11

필수 예제 6 126

6-1 461

6-2 84

6-3 ②

실전 문제로 단원 마무리
본문 26~27쪽

01 ①   **02** 96   **03** ④   **04** ⑤

05 32   **06** ⑤   **07** 512   **08** ⑤

09 ③   **10** ②

개념으로 단원 마무리
본문 28쪽

1 (1) 중복조합, $_n\mathrm{H}_r$ (2) $n+r-1$ (3) $2, n-2$
(4) 이항계수, $_n\mathrm{C}_r a^{n-r}b^r$ (5) 파스칼의 삼각형

2 (1) ○   (2) ×   (3) ○   (4) ×   (5) ○   (6) ×   (7) ○

Ⅱ. 확률

03 확률의 개념과 활용

교과서 개념 확인하기
본문 31쪽

1 (1) {1, 2, 3, 4, 5, 6}   (2) {2, 4, 6}

2 (1) {1, 2, 3, 4}   (2) {4}   (3) {1, 3, 5, 6}   (4) A와 C

3 $\dfrac{2}{5}$

4 $\dfrac{3}{5}$

5 $\dfrac{2}{3}$

6 $\dfrac{7}{10}$

교과서 예제로 개념 익히기
본문 32~37쪽

필수 예제 1 (1) {2, 3, 4, 5, 6}   (2) {2}   (3) {1, 4, 6}

1-1 (1) {1, 3, 5, 6, 7, 9}   (2) {3, 9}
(3) {1, 2, 4, 5, 7, 8, 10}

1-2 {2, 4}

1-3 ③

필수 예제 2 $\dfrac{1}{12}$

2-1 $\dfrac{2}{9}$

2-2 $\dfrac{2}{5}$

2-3 $\dfrac{1}{4}$

필수 예제 3 $\dfrac{2}{5}$

3-1 $\dfrac{1}{5}$

3-2 $\dfrac{9}{16}$

필수 예제 4 $\dfrac{15}{28}$

4-1 $\dfrac{2}{15}$

4-2 $\dfrac{2}{15}$

필수 예제 5 (1) $\dfrac{33}{50}$ (2) $\dfrac{8}{25}$

5-1 (1) $\dfrac{1}{3}$ (2) $\dfrac{7}{36}$

5-2 $\dfrac{9}{20}$

5-3 $\dfrac{11}{56}$

SPEED CHECK

필수 예제 **6** $\frac{1}{5}$

6-1 $\frac{5}{6}$

6-2 $\frac{5}{9}$

6-3 $\frac{5}{12}$

필수 예제 **7** $\frac{37}{42}$

7-1 $\frac{2}{3}$

7-2 $\frac{3}{4}$

7-3 $\frac{2}{3}$

실전 문제로 단원 마무리 본문 38~39쪽

01 ③   **02** ②   **03** ④   **04** $\frac{2}{3}$

05 ⑤   **06** $\frac{6}{7}$ **07** ④   **08** $\frac{5}{6}$

09 ④   **10** ③

개념으로 단원 마무리 본문 40쪽

1 (1) $\varnothing$, 배반사건   (2) 여사건   (3) $\mathrm{P}(A)$ (4) $n(A)$
   (5) $\mathrm{P}(A \cap B)$ (6) $\mathrm{P}(A)$

2 (1) ○   (2) ○   (3) ×   (4) ○   (5) ×   (6) ×

04 조건부확률

교과서 개념 확인하기 본문 43쪽

1 (1) $\frac{1}{2}$ (2) $\frac{2}{3}$

2 (1) $\frac{1}{3}$ (2) $\frac{2}{3}$

3 (1) 독립   (2) 독립   (3) 종속

4 (1) $\frac{1}{12}$ (2) $\frac{1}{6}$ (3) $\frac{1}{4}$ (4) $\frac{1}{2}$

5 (1) $\frac{5}{16}$ (2) $\frac{3}{32}$

교과서 예제로 개념 익히기 본문 44~49쪽

필수 예제 **1** $\frac{1}{8}$

1-1 $\frac{5}{8}$

1-2 $\frac{5}{6}$

1-3 $\frac{2}{5}$

필수 예제 **2** $\frac{7}{9}$

2-1 $\frac{3}{10}$

2-2 $\frac{3}{5}$

2-3 $\frac{1}{3}$

필수 예제 **3** $\frac{4}{15}$

3-1 $\frac{2}{7}$

3-2 4

3-3 $\frac{1}{6}$

필수 예제 **4** $\frac{3}{10}$

4-1 $\frac{3}{5}$

4-2 $\frac{1}{3}$

4-3 $\frac{4}{15}$

필수 예제 **5** (1) 종속   (2) 독립

5-1 ⑤

5-2 독립

5-3 0.72

필수 예제 **6** $\frac{11}{243}$

6-1 $\frac{13}{32}$

6-2 $\frac{63}{64}$

6-3 $\frac{8}{81}$

실전 문제로 단원 마무리

본문 50~51쪽

01 ②   **02** 39   **03** ②   **04** ①

05 ②   **06** ⑤   **07** $\dfrac{3}{8}$ **08** $\dfrac{35}{128}$

09 ②   **10** ④

개념으로 단원 마무리

본문 52쪽

1 (1) 조건부확률, $P(B|A)$ (2) $P(A \cap B)$
　(3) $P(A)$, $P(A|B)$ (4) 독립, 종속   (5) $P(A)P(B)$
　(6) $_n C_r$

2 (1) ○   (2) ○   (3) ×   (4) ○

05 이산확률변수의 확률분포

교과서 개념 확인하기

본문 55쪽

1 (1) 1, 2, 3, 4, 5, 6   (2) $\dfrac{1}{6}$

2 $\dfrac{1}{2}$, $\dfrac{1}{4}$

3 (1) 1   (2) 2   (3) $\sqrt{2}$

4 (1) $E(3X-1)=14$, $V(3X-1)=36$, $\sigma(3X-1)=6$
　(2) $E(-2X+3)=-7$, $V(-2X+3)=16$, $\sigma(-2X+3)=4$

5 (1) $B\left(100, \dfrac{1}{2}\right)$ (2) $B\left(300, \dfrac{1}{3}\right)$

6 $\dfrac{105}{512}$

7 (1) 24   (2) 16   (3) 4

교과서 예제로 개념 익히기

본문 56~61쪽

필수 예제 1 $\dfrac{1}{9}$

1-1 $\dfrac{1}{2}$

1-2 $\dfrac{2}{5}$

1-3 $\dfrac{13}{25}$

필수 예제 2 $\dfrac{7}{10}$

2-1 $\dfrac{1}{5}$

2-2 $\dfrac{1}{2}$

2-3 $\dfrac{1}{3}$

필수 예제 3 (1) 2   (2) $\dfrac{1}{2}$ (3) $\dfrac{\sqrt{2}}{2}$

3-1 (1) 2   (2) $\dfrac{5}{4}$ (3) $\dfrac{\sqrt{5}}{2}$

3-2 $\dfrac{5}{9}$

3-3 $\dfrac{3}{5}$

필수 예제 4 (1) $\dfrac{5}{2}$ (2) $\dfrac{45}{4}$ (3) $\dfrac{3\sqrt{5}}{2}$

4-1 (1) -2 (2) 40   (3) $2\sqrt{10}$

4-2 112

4-3 5

SPEED CHECK

필수 예제 5 (1) $P(X=x)={}_3C_x\left(\dfrac{1}{3}\right)^x\left(\dfrac{2}{3}\right)^{3-x}$ $(x=0, 1, 2, 3)$

(2) $\dfrac{2}{9}$

5-1 (1) $P(X=x)={}_{10}C_x\left(\dfrac{1}{2}\right)^{10}$ $(x=0, 1, 2, \cdots, 10)$

(2) $\dfrac{15}{128}$

5-2 $\dfrac{81}{128}$

5-3 5

필수 예제 6 (1) 720 (2) 144 (3) 12

6-1 (1) 6 (2) 4 (3) 2

6-2 120

6-3 4

실전 문제로 단원 마무리
본문 62~63쪽

01 ⑤	**02** ①	**03** 4	**04** ⑤
05 ②	**06** 6	**07** ③	**08** ①
09 ③	**10** ④		

개념으로 단원 마무리
본문 64쪽

1 (1) 확률변수, 확률분포 (2) 이산확률변수
(3) $E(X)$, $\{E(X)\}^2$, $\sqrt{V(X)}$
(4) a, a^2, $|a|$ (5) 이항분포, $B(n, p)$
(6) n, np

2 (1) ◯ (2) ◯ (3) ◯ (4) ×

06 연속확률변수의 확률분포

교과서 개념 확인하기
본문 67쪽

1 (1) 1 (2) $\dfrac{3}{4}$

2 (1) $N(5, 2^2)$ (2) $N(10, 3^2)$

3 (1) 0.9332 (2) 0.0228 (3) 0.1359 (4) 0.6247

4 (1) $Z=\dfrac{X-25}{2}$ (2) $Z=\dfrac{X-30}{4}$

5 (1) $N(50, 5^2)$ (2) $N(60, 6^2)$

교과서 예제로 개념 익히기
본문 68~73쪽

필수 예제 1 $\dfrac{3}{4}$

1-1 $\dfrac{1}{2}$

1-2 2

1-3 $\dfrac{7}{8}$

필수 예제 2 16

2-1 20

2-2 13

2-3 ④

필수 예제 3 0.1359

3-1 0.0919

3-2 0.68

3-3 ④

필수 예제 4 0.8185

4-1 0.8351

4-2 0.0456

4-3 46

필수 예제 5 0.5328

5-1 0.8185

5-2 0.0896

5-3 130

필수 예제 6 0.9544

6-1 0.1587

6-2 0.1359

6-3 0.6915

실전 문제로 단원 마무리
본문 74~77쪽

01 ②	**02** ④	**03** ③	**04** ①
05 ④	**06** ①	**07** ③	**08** ⑤
09 ③	**10** ⑤		

개념으로 단원 마무리
본문 78쪽

1 (1) 연속확률변수 (2) 확률밀도함수, 0, 1 (3) $N(m, \sigma^2)$
(4) m (5) 표준정규분포 (6) np

2 (1) ◯ (2) ◯ (3) ◯ (4) × (5) ◯

07 통계적 추정

교과서 개념 확인하기
본문 82쪽

1 (1) 표본조사 (2) 전수조사 (3) 전수조사 (4) 표본조사

2 (1) 100 (2) 90

3 (1) 50 (2) $\dfrac{4}{25}$ (3) $\dfrac{2}{5}$

4 (1) $N\left(20, \left(\dfrac{5}{6}\right)^2\right)$ (2) $N\left(30, \left(\dfrac{1}{2}\right)^2\right)$

5 (1) $46.08 \leq m \leq 53.92$ (2) $44.84 \leq m \leq 55.16$

6 (1) 0.4 (2) 0.01 (3) 0.1

7 (1) $N(0.5, 0.05^2)$ (2) $N(0.2, 0.02^2)$

8 (1) $0.0804 \leq p \leq 0.1196$ (2) $0.0742 \leq p \leq 0.1258$

교과서 예제로 개념 익히기
본문 83~87쪽

필수 예제 1 4

1-1 4

1-2 64

1-3 8

필수 예제 2 0.9772

2-1 0.8185

2-2 16

2-3 0.9332

필수 예제 3 $98.04 \leq m \leq 101.96$

3-1 $394.84 \leq m \leq 405.16$

3-2 15

3-3 $376.08 \leq m \leq 383.92$

필수 예제 4 0.9544

4-1 0.8413

4-2 0.72

4-3 0.1587

필수 예제 5 $0.701 \leq p \leq 0.799$

5-1 $0.071 \leq p \leq 0.329$

5-2 $0.5608 \leq p \leq 0.6392$

5-3 2100

실전 문제로 단원 마무리
본문 88~90쪽

01 ③　　**02** ③　　**03** 12　　**04** ②

05 900　　**06** ④　　**07** ④　　**08** ⑤

09 ③　　**10** ②

개념으로 단원 마무리
본문 91쪽

1 (1) 임의추출 (2) m, n, $\sqrt{n}$ (3) $\sqrt{n}$, $\sqrt{n}$, σ, σ
(4) p, n, n (5) n, n, $\hat{p}\hat{q}$, $\hat{p}\hat{q}$

2 (1) ○ (2) ○ (3) ✕

01 중복순열과 같은 것이 있는 순열

본문 06쪽

교과서 개념 확인하기

1 답 (1) 64 (2) 32 (3) 1

(1) $_4\Pi_3 = 4^3 = 64$

(2) $_2\Pi_5 = 2^5 = 32$

(3) $_6\Pi_0 = 6^0 = 1$

2 답 81

구하는 중복순열의 수는 서로 다른 3개에서 4개를 택하는 중복순열의 수와 같으므로

$_3\Pi_4 = 3^4 = 81$

3 답 15

a가 2개, b가 4개 있으므로 구하는 경우의 수는

$$\frac{6!}{2! \times 4!} = \frac{6 \times 5 \times 4 \times \cdots \times 1}{(2 \times 1) \times (4 \times 3 \times 2 \times 1)} = 15$$

4 답 35

지점 A에서 지점 B까지 최단 거리로 가려면 오른쪽으로 4칸, 위쪽으로 3칸을 가야 한다.

오른쪽으로 한 칸 이동하는 것을 x, 위쪽으로 한 칸 이동하는 것을 y라 하면 구하는 경우의 수는 7개의 문자 x, x, x, x, y, y, y를 일렬로 나열하는 경우의 수와 같으므로 구하는 경우의 수는

$$\frac{7!}{4! \times 3!} = \frac{7 \times 6 \times 5 \times \cdots \times 1}{(4 \times 3 \times 2 \times 1) \times (3 \times 2 \times 1)} = 35$$

참고 $xyxxyyx$를 도로망에 나타내면 오른쪽 그림과 같다.

교과서 예제로 개념 익히기

• 본문 07~13쪽

필수 예제 1 답 32

구하는 경우의 수는 서로 다른 2개에서 5개를 택하는 중복순열의 수와 같으므로

$_2\Pi_5 = 2^5 = 32$

1-1 답 81

구하는 경우의 수는 서로 다른 3개에서 4개를 택하는 중복순열의 수와 같으므로

$_3\Pi_4 = 3^4 = 81$

1-2 답 243

구하는 경우의 수는 서로 다른 3개에서 5개를 택하는 중복순열의 수와 같으므로

$_3\Pi_5 = 3^5 = 243$

1-3 답 144

가장 왼쪽에 소문자를 나열하는 경우는

a, b, c, d의 4가지

가장 왼쪽을 제외한 나머지 두 자리에 6개의 문자를 나열하는 경우의 수는 서로 다른 6개에서 2개를 택하는 중복순열의 수와 같으므로

$_6\Pi_2 = 6^2 = 36$

따라서 구하는 경우의 수는

$4 \times 36 = 144$

필수 예제 2 답 (1) 125 (2) 50

(1) 구하는 세 자리의 자연수의 개수는 서로 다른 5개에서 3개를 택하는 중복순열의 수와 같으므로

$_5\Pi_3 = 5^3 = 125$

(2) 백의 자리, 십의 자리의 숫자를 정하는 경우의 수는 서로 다른 5개에서 2개를 택하는 중복순열의 수와 같으므로

$_5\Pi_2 = 5^2 = 25$

일의 자리의 숫자를 정하는 경우는

2, 4의 2가지

따라서 구하는 세 자리의 짝수의 개수는

$25 \times 2 = 50$

플러스 강의

자연수 판정법

(1) 홀수: 일의 자리 숫자가 1 또는 3 또는 5 또는 7 또는 9인 수

(2) 짝수(2의 배수): 일의 자리 숫자가 0 또는 2 또는 4 또는 6 또는 8인 수

(3) 3의 배수: 각 자리의 수의 합이 3의 배수인 수

(4) 4의 배수: 끝의 두 자리의 수가 00 또는 4의 배수인 수

(5) 5의 배수: 일의 자리 숫자가 0 또는 5인 수

(6) 6의 배수: 2의 배수이면서 3의 배수인 수

(7) 8의 배수: 끝의 세 자리의 수가 000 또는 8의 배수인 수

(8) 9의 배수: 각 자리의 수의 합이 9의 배수인 수

2-1 답 (1) 500 (2) 200

(1) 천의 자리의 숫자를 정하는 경우는

1, 2, 3, 4의 4가지

백의 자리, 십의 자리, 일의 자리의 숫자를 정하는 경우의 수는 서로 다른 5개에서 3개를 택하는 중복순열의 수와 같으므로

$_5\Pi_3 = 5^3 = 125$

따라서 구하는 네 자리의 자연수의 개수는

$4 \times 125 = 500$

(2) 천의 자리의 숫자를 정하는 경우는

1, 2, 3, 4의 4가지

백의 자리, 십의 자리의 숫자를 정하는 경우의 수는 서로 다른 5개에서 2개를 택하는 중복순열의 수와 같으므로

$_5\Pi_2 = 5^2 = 25$

일의 자리의 숫자를 정하는 경우는

1, 3의 2가지

따라서 구하는 네 자리의 홀수의 개수는

$4 \times 25 \times 2 = 200$

2-2 답 2160

만의 자리의 숫자를 정하는 경우는
1, 2, 3, 4, 5의 5가지
천의 자리, 백의 자리, 십의 자리의 숫자를 정하는 경우의 수는
서로 다른 6개에서 3개를 택하는 중복순열의 수와 같으므로
$_6\Pi_3=6^3=216$
일의 자리의 숫자를 정하는 경우는
0, 5의 2가지
따라서 구하는 다섯 자리의 5의 배수의 개수는
$5\times216\times2=2160$

2-3 답 127

2000보다 크거나 같은 자연수의 개수를 구해 보자.
천의 자리의 숫자를 정하는 경우는
2, 3의 2가지
백의 자리, 십의 자리, 일의 자리의 숫자를 정하는 경우의 수는
서로 다른 4개에서 3개를 택하는 중복순열의 수와 같으므로
$_4\Pi_3=4^3=64$
즉, 2000보다 크거나 같은 자연수의 개수는
$2\times64=128$
이때 2000보다 큰 경우는 2000을 제외해야 하므로 구하는 자연수의 개수는
$128-1=127$

필수 예제 3 답 (1) 64 (2) 24 (3) 6

(1) X에서 Y로의 함수가 되려면 집합 Y의 원소 1, 2, 3, 4에서 중복을 허용하여 3개를 택해 집합 X의 원소 a, b, c에 하나씩 대응시키면 된다.
따라서 구하는 함수의 개수는 서로 다른 4개에서 3개를 택하는 중복순열의 수와 같으므로
$_4\Pi_3=4^3=64$

(2) X에서 Y로의 일대일함수가 되려면 집합 Y의 원소 1, 2, 3, 4에서 서로 다른 3개를 택하여 집합 X의 원소 a, b, c에 하나씩 대응시키면 된다.
따라서 구하는 일대일함수의 개수는 서로 다른 4개에서 3개를 택하는 순열의 수와 같으므로
$_4P_3=4\times3\times2=24$

(3) X에서 X로의 일대일대응의 개수는 집합 X의 원소 a, b, c를 일렬로 나열하는 경우의 수와 같으므로
$3!=3\times2\times1=6$

플러스 강의

두 집합 X, Y의 원소의 개수가 각각 m, n일 때
(1) X에서 Y로의 함수의 개수: $_n\Pi_m$
(2) X에서 Y로의 일대일함수의 개수: $_nP_m$ (단, $n\geq m$)
(3) X에서 X로의 일대일대응의 개수: $m!$

3-1 답 (1) 625 (2) 120 (3) 24

(1) X에서 Y로의 함수가 되려면 집합 Y의 원소 1, 2, 3, 4, 5에서 중복을 허용하여 4개를 택해 집합 X의 원소 a, b, c, d에 하나씩 대응시키면 된다.

따라서 구하는 함수의 개수는 서로 다른 5개에서 4개를 택하는 중복순열의 수와 같으므로
$_5\Pi_4=5^4=625$

(2) X에서 Y로의 일대일함수가 되려면 집합 Y의 원소 1, 2, 3, 4, 5에서 서로 다른 4개를 택하여 집합 X의 원소 a, b, c, d에 하나씩 대응시키면 된다.
따라서 구하는 일대일함수의 개수는 서로 다른 5개에서 4개를 택하는 순열의 수와 같으므로
$_5P_4=5\times4\times3\times2=120$

(3) X에서 X로의 일대일대응의 개수는 집합 X의 원소 a, b, c, d를 일렬로 나열하는 경우의 수와 같으므로
$4!=4\times3\times2\times1=24$

3-2 답 64

$f(1)=d$이므로 $f(2)$, $f(3)$, $f(4)$의 값을 각각 a, b, c, d 중에서 중복을 허용하여 3개를 택해 하나씩 정하면 된다.
따라서 구하는 함수 f의 개수는 서로 다른 4개에서 3개를 택하는 중복순열의 수와 같으므로
$_4\Pi_3=4^3=64$

3-3 답 14

구하는 함수의 개수는 X에서 Y로의 함수의 개수에서 공역과 치역이 일치하지 않는, 즉 정의역의 원소가 모두 1 또는 모두 2에 대응하는 함수의 개수를 빼면 된다.
X에서 Y로의 함수의 개수는 서로 다른 2개에서 4개를 택하는 중복순열의 수와 같으므로
$_2\Pi_4=2^4=16$
이때 정의역의 원소가 모두 1 또는 모두 2에 대응하는 경우는
$f(a)=f(b)=f(c)=f(d)=1$ 또는
$f(a)=f(b)=f(c)=f(d)=2$
의 2가지
따라서 구하는 함수의 개수는
$16-2=14$

필수 예제 4 답 60

6개의 문자 b, a, n, a, n, a에 a가 3개, n이 2개 있으므로 구하는 경우의 수는
$$\frac{6!}{3!\times2!}=\frac{6\times5\times4\times\cdots\times1}{(3\times2\times1)\times(2\times1)}=60$$

4-1 답 420

7개의 문자 s, u, c, c, e, s, s에 c가 2개, s가 3개 있으므로 구하는 경우의 수는
$$\frac{7!}{2!\times3!}=\frac{7\times6\times5\times\cdots\times1}{(2\times1)\times(3\times2\times1)}=420$$

4-2 답 360

a와 s를 양 끝에 놓는 경우의 수는
$2!=2\times1=2$
이때 a와 s를 제외한 6개의 문자 b, e, b, a, l, l을 일렬로 나열하는 경우의 수는 b가 2개, l이 2개 있으므로
$$\frac{6!}{2!\times2!}=\frac{6\times5\times4\times\cdots\times1}{(2\times1)\times(2\times1)}=180$$

따라서 구하는 경우의 수는
$2 \times 180 = 360$

4-3 답 120
모음 a, e를 한 문자 X로 생각하여 5개의 문자 X, c, h, n, c를 일렬로 나열하는 경우의 수는 c가 2개 있으므로
$$\frac{5!}{2!} = \frac{5 \times 4 \times 3 \times 2 \times 1}{2 \times 1} = 60$$
이때 모음 a, e가 서로 자리를 바꾸는 경우의 수는
$2! = 2 \times 1 = 2$
따라서 구하는 경우의 수는
$60 \times 2 = 120$

필수 예제 5 답 50
구하는 자연수의 개수는 6개의 숫자 0, 1, 1, 2, 2, 2를 일렬로 나열하는 경우의 수에서 0을 가장 왼쪽에 나열하는 경우의 수를 빼면 된다.
6개의 숫자 0, 1, 1, 2, 2, 2를 일렬로 나열하는 경우의 수는 1이 2개, 2가 3개 있으므로
$$\frac{6!}{2! \times 3!} = \frac{6 \times 5 \times 4 \times \cdots \times 1}{(2 \times 1) \times (3 \times 2 \times 1)} = 60$$
0을 가장 왼쪽에 나열하는 경우의 수는 1, 1, 2, 2, 2를 일렬로 나열하는 경우의 수와 같고 1이 2개, 2가 3개 있으므로
$$\frac{5!}{2! \times 3!} = \frac{5 \times 4 \times 3 \times 2 \times 1}{(2 \times 1) \times (3 \times 2 \times 1)} = 10$$
따라서 구하는 자연수의 개수는
$60 - 10 = 50$

다른 풀이
(i) 최고 자리의 숫자가 1인 경우
 최고 자리를 제외한 나머지 5개의 자리에 0, 1, 2, 2, 2를 일렬로 나열하면 된다.
 즉, 이 경우의 수는 2가 3개 있으므로
$$\frac{5!}{3!} = \frac{5 \times 4 \times 3 \times 2 \times 1}{3 \times 2 \times 1} = 20$$
(ii) 최고 자리의 숫자가 2인 경우
 최고 자리를 제외한 나머지 5개의 자리에 0, 1, 1, 2, 2를 일렬로 나열하면 된다.
 즉, 이 경우의 수는 1이 2개, 2가 2개 있으므로
$$\frac{5!}{2! \times 2!} = \frac{5 \times 4 \times 3 \times 2 \times 1}{(2 \times 1) \times (2 \times 1)} = 30$$
(i), (ii)에서 구하는 자연수의 개수는 $20 + 30 = 50$

5-1 답 150
구하는 자연수의 개수는 7개의 숫자 0, 0, 1, 1, 1, 2, 2를 일렬로 나열하는 경우의 수에서 0을 가장 왼쪽에 나열하는 경우의 수를 빼면 된다.
7개의 숫자 0, 0, 1, 1, 1, 2, 2를 일렬로 나열하는 경우의 수는 0이 2개, 1이 3개, 2가 2개 있으므로
$$\frac{7!}{2! \times 3! \times 2!} = \frac{7 \times 6 \times 5 \times \cdots \times 1}{(2 \times 1) \times (3 \times 2 \times 1) \times (2 \times 1)} = 210$$
0을 가장 왼쪽에 나열하는 경우의 수는 0, 1, 1, 1, 2, 2를 일렬로 나열하는 경우의 수와 같고 1이 3개, 2가 2개 있으므로
$$\frac{6!}{3! \times 2!} = \frac{6 \times 5 \times 4 \times \cdots \times 1}{(3 \times 2 \times 1) \times (2 \times 1)} = 60$$

따라서 구하는 자연수의 개수는
$210 - 60 = 150$

다른 풀이
(i) 최고 자리의 숫자가 1인 경우
 최고 자리를 제외한 나머지 6개의 자리에 0, 0, 1, 1, 2, 2를 일렬로 나열하면 된다.
 즉, 이 경우의 수는 0이 2개, 1이 2개, 2가 2개 있으므로
$$\frac{6!}{2! \times 2! \times 2!} = \frac{6 \times 5 \times 4 \times \cdots \times 1}{(2 \times 1) \times (2 \times 1) \times (2 \times 1)} = 90$$
(ii) 최고 자리의 숫자가 2인 경우
 최고 자리를 제외한 나머지 6개의 자리에 0, 0, 1, 1, 1, 2를 일렬로 나열하면 된다.
 즉, 이 경우의 수는 0이 2개, 1이 3개 있으므로
$$\frac{6!}{2! \times 3!} = \frac{6 \times 5 \times 4 \times \cdots \times 1}{(2 \times 1) \times (3 \times 2 \times 1)} = 60$$
(i), (ii)에서 구하는 자연수의 개수는
$90 + 60 = 150$

5-2 답 180
(i) 일의 자리의 숫자가 1인 경우
 일의 자리를 제외한 나머지 6개의 자리에 1, 2, 3, 4, 4, 4를 일렬로 나열하면 된다.
 즉, 이 경우의 수는 4가 3개 있으므로
$$\frac{6!}{3!} = \frac{6 \times 5 \times 4 \times \cdots \times 1}{3 \times 2 \times 1} = 120$$
(ii) 일의 자리의 숫자가 3인 경우
 일의 자리를 제외한 나머지 6개의 자리에 1, 1, 2, 4, 4, 4를 일렬로 나열하면 된다.
 즉, 이 경우의 수는 1이 2개, 4가 3개 있으므로
$$\frac{6!}{2! \times 3!} = \frac{6 \times 5 \times 4 \times \cdots \times 1}{(2 \times 1) \times (3 \times 2 \times 1)} = 60$$
(i), (ii)에서 구하는 홀수의 개수는
$120 + 60 = 180$

5-3 답 21
(i) 3을 4개 택하는 경우
 3333의 1가지
(ii) 3을 3개 택하는 경우
 1, 3, 3, 3 또는 2, 3, 3, 3을 일렬로 나열하는 경우의 수와 같고 3이 3개 있으므로
$$2 \times \frac{4!}{3!} = 2 \times \frac{4 \times 3 \times 2 \times 1}{3 \times 2 \times 1} = 8$$
(iii) 3을 2개 택하는 경우
 1, 2, 3, 3을 일렬로 나열하는 경우의 수와 같고 3이 2개 있으므로
$$\frac{4!}{2!} = \frac{4 \times 3 \times 2 \times 1}{2 \times 1} = 12$$
(i), (ii), (iii)에서 구하는 자연수의 개수는
$1 + 8 + 12 = 21$

필수 예제 6 답 60
a, b의 순서가 정해져 있으므로 a, b를 모두 X로 생각하여 5개의 문자 X, X, c, d, e를 일렬로 나열한 후 첫 번째 X는 a로, 두 번째 X는 b로 바꾸면 된다.

따라서 구하는 경우의 수는

$$\frac{5!}{2!}=\frac{5\times4\times3\times2\times1}{2\times1}=60$$

6-1 답 180

e, t의 순서가 정해져 있으므로 e, t를 모두 X로 생각하여 6개의 문자 X, f, f, o, r, X를 일렬로 나열한 후 첫 번째 X는 e로, 두 번째 X는 t로 바꾸면 된다.

따라서 구하는 경우의 수는

$$\frac{6!}{2!\times2!}=\frac{6\times5\times4\times\cdots\times1}{(2\times1)\times(2\times1)}=180$$

6-2 답 120

a, b, c의 순서가 정해져 있으므로 a, b, c를 모두 X로 생각하여 6개의 문자 X, X, X, d, e, f를 일렬로 나열한 후 첫 번째 X는 a로, 두 번째 X는 b로, 세 번째 X는 c로 바꾸면 된다.

따라서 구하는 경우의 수는

$$\frac{6!}{3!}=\frac{6\times5\times4\times\cdots\times1}{3\times2\times1}=120$$

6-3 답 35

a, b의 순서가 정해져 있으므로 a, b를 모두 X로 생각하여 7개의 문자 X, X, X, X, c, c, c를 일렬로 나열한 후 첫 번째, 두 번째 X는 a로, 세 번째, 네 번째 X는 b로 바꾸면 된다.

따라서 구하는 경우의 수는

$$\frac{7!}{4!\times3!}=\frac{7\times6\times5\times\cdots\times1}{(4\times3\times2\times1)\times(3\times2\times1)}=35$$

필수 예제 7 답 60

오른쪽으로 한 칸 이동하는 것을 x, 위쪽으로 한 칸 이동하는 것을 y라 하자.

(i) A → P로 가는 최단 거리의 경우의 수

지점 A에서 지점 P까지 최단 거리로 가려면 오른쪽으로 3칸, 위쪽으로 2칸을 가야 한다.

즉, 5개의 문자 x, x, x, y, y를 일렬로 나열하는 경우의 수와 같으므로

$$\frac{5!}{3!\times2!}=\frac{5\times4\times3\times2\times1}{(3\times2\times1)\times(2\times1)}=10$$

(ii) P → B로 가는 최단 거리의 경우의 수

지점 P에서 지점 B까지 최단 거리로 가려면 오른쪽으로 2칸, 위쪽으로 2칸을 가야 한다.

즉, 4개의 문자 x, x, y, y를 일렬로 나열하는 경우의 수와 같으므로

$$\frac{4!}{2!\times2!}=\frac{4\times3\times2\times1}{(2\times1)\times(2\times1)}=6$$

(i), (ii)에서 구하는 경우의 수는

$10\times6=60$

7-1 답 45

오른쪽으로 한 칸 이동하는 것을 x, 위쪽으로 한 칸 이동하는 것을 y라 하자.

(i) A → P로 가는 최단 거리의 경우의 수

지점 A에서 지점 P까지 최단 거리로 가려면 오른쪽으로 2칸, 위쪽으로 1칸을 가야 한다.

즉, 3개의 문자 x, x, y를 일렬로 나열하는 경우의 수와 같으므로

$$\frac{3!}{2!}=\frac{3\times2\times1}{2\times1}=3$$

(ii) P → B로 가는 최단 거리의 경우의 수

지점 P에서 지점 B까지 최단 거리로 가려면 오른쪽으로 4칸, 위쪽으로 2칸을 가야 한다.

즉, 6개의 문자 x, x, x, x, y, y를 일렬로 나열하는 경우의 수와 같으므로

$$\frac{6!}{4!\times2!}=\frac{6\times5\times4\times\cdots\times1}{(4\times3\times2\times1)\times(2\times1)}=15$$

(i), (ii)에서 구하는 경우의 수는

$3\times15=45$

7-2 답 26

구하는 경우의 수는 지점 A에서 지점 B까지 최단 거리로 가는 경우의 수에서 지점 A에서 지점 P를 거쳐 지점 B까지 최단 거리로 가는 경우의 수를 빼면 된다.

오른쪽으로 한 칸 이동하는 것을 x, 위쪽으로 한 칸 이동하는 것을 y라 하자.

(i) A → B로 가는 최단 거리의 경우의 수

지점 A에서 지점 B까지 최단 거리로 가려면 오른쪽으로 5칸, 위쪽으로 3칸을 가야 한다.

즉, 8개의 문자 x, x, x, x, x, y, y, y를 일렬로 나열하는 경우의 수와 같으므로

$$\frac{8!}{5!\times3!}=\frac{8\times7\times6\times\cdots\times1}{(5\times4\times3\times2\times1)\times(3\times2\times1)}=56$$

(ii) A → P → B로 가는 최단 거리의 경우의 수

지점 A에서 지점 P까지 최단 거리로 가려면 오른쪽으로 3칸, 위쪽으로 2칸을 가야 한다.

즉, 5개의 문자 x, x, x, y, y를 일렬로 나열하는 경우의 수와 같으므로

$$\frac{5!}{3!\times2!}=\frac{5\times4\times3\times2\times1}{(3\times2\times1)\times(2\times1)}=10$$

지점 P에서 지점 B까지 최단 거리로 가려면 오른쪽으로 2칸, 위쪽으로 1칸을 가야 한다.

즉, 3개의 문자 x, x, y를 일렬로 나열하는 경우의 수와 같으므로

$$\frac{3!}{2!}=\frac{3\times2\times1}{2\times1}=3$$

따라서 이 경우의 수는 $10\times3=30$

(i), (ii)에서 구하는 경우의 수는 $56-30=26$

다른 풀이

오른쪽 그림과 같이 세 지점 S, T, U를 잡으면 구하는 경우의 수는 A → S → B 또는 A → T → B 또는 A → U → B 로 가는 최단 거리의 경우의 수와 같다.

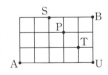

오른쪽으로 한 칸 이동하는 것을 x, 위쪽으로 한 칸 이동하는 것을 y라 하자.

(i) A → S → B로 가는 최단 거리의 경우의 수

지점 A에서 지점 S까지 최단 거리로 가려면 오른쪽으로 2칸, 위쪽으로 3칸을 가야 한다.

즉, 5개의 문자 x, x, y, y, y를 일렬로 나열하는 경우의 수
와 같으므로
$$\frac{5!}{2! \times 3!} = \frac{5 \times 4 \times 3 \times 2 \times 1}{(2 \times 1) \times (3 \times 2 \times 1)} = 10$$
지점 S에서 지점 B까지 최단 거리로 가려면 오른쪽으로 3칸
을 가야 한다.
즉, 3개의 문자 x, x, x를 일렬로 나열하는 경우의 수와 같
으므로
1
따라서 이 경우의 수는
$10 \times 1 = 10$

(ii) A → T → B로 가는 최단 거리의 경우의 수
지점 A에서 지점 T까지 최단 거리로 가려면 오른쪽으로 4칸,
위쪽으로 1칸을 가야 한다.
즉, 5개의 문자 x, x, x, x, y를 일렬로 나열하는 경우의 수
와 같으므로
$$\frac{5!}{4!} = \frac{5 \times 4 \times 3 \times 2 \times 1}{4 \times 3 \times 2 \times 1} = 5$$
지점 T에서 지점 B까지 최단 거리로 가려면 오른쪽으로 1칸,
위쪽으로 2칸을 가야 한다.
즉, 3개의 문자 x, y, y를 일렬로 나열하는 경우의 수와 같
으므로
$$\frac{3!}{2!} = \frac{3 \times 2 \times 1}{2 \times 1} = 3$$
따라서 이 경우의 수는
$5 \times 3 = 15$

(iii) A → U → B로 가는 최단 거리의 경우의 수
지점 A에서 지점 U까지 최단 거리로 가려면 오른쪽으로 5칸
을 가야 한다.
즉, 5개의 문자 x, x, x, x, x를 일렬로 나열하는 경우의
수와 같으므로
1
지점 U에서 지점 B까지 최단 거리로 가려면 위쪽으로 3칸
을 가야 한다.
즉, 3개의 문자 y, y, y를 일렬로 나열하는 경우의 수와 같
으므로
1
따라서 이 경우의 수는
$1 \times 1 = 1$

(i), (ii), (iii)에서 구하는 경우의 수는
$10 + 15 + 1 = 26$

참고 새로운 지점을 잡을 때에는 가야 하는 방향의 수직 방향으로 잡
는다.
지점 A에서 지점 B로 가는 방향이 ╱ 방향이므로 세 지점 S, T, U는
╲ 방향으로 잡는다.

7-3 답 210
오른쪽 그림과 같이 지점 P를 잡으면
구하는 경우의 수는 A → P → B로
가는 최단 거리의 경우의 수와 같다.
오른쪽으로 한 칸 이동하는 것을 x, 위
쪽으로 한 칸 이동하는 것을 y라 하자.

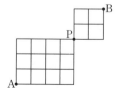

지점 A에서 지점 P까지 최단 거리로 가려면 오른쪽으로 4칸,
위쪽으로 3칸을 가야 한다.
즉, 7개의 문자 x, x, x, x, y, y, y를 일렬로 나열하는 경우의
수와 같으므로
$$\frac{7!}{4! \times 3!} = \frac{7 \times 6 \times 5 \times \cdots \times 1}{(4 \times 3 \times 2 \times 1) \times (3 \times 2 \times 1)} = 35$$
지점 P에서 지점 B까지 최단 거리로 가려면 오른쪽으로 2칸,
위쪽으로 2칸을 가야 한다.
즉, 4개의 문자 x, x, y, y를 일렬로 나열하는 경우의 수와 같
으므로
$$\frac{4!}{2! \times 2!} = \frac{4 \times 3 \times 2 \times 1}{(2 \times 1) \times (2 \times 1)} = 6$$
따라서 구하는 경우의 수는
$35 \times 6 = 210$

01
서로 다른 두 종류의 음료를 3명의 학생에게 한 개씩 나누어 주
는 경우의 수는 서로 다른 2개에서 3개를 택하는 중복순열의
수와 같으므로
$_2\Pi_3 = 2^3 = 8$
서로 다른 세 종류의 빵을 3명의 학생에게 한 개씩 나누어 주는
경우의 수는 서로 다른 3개에서 3개를 택하는 중복순열의 수와
같으므로
$_3\Pi_3 = 3^3 = 27$
따라서 구하는 경우의 수는
$8 \times 27 = 216$

02
구하는 자연수의 개수는 5개의 숫자 1, 2, 3, 4, 5 중에서 중복
을 허용하여 3개를 뽑아 만들 수 있는 세 자리의 자연수의 개수
에서 4개의 숫자 1, 2, 3, 4 중에서 중복을 허용하여 3개를 뽑
아 만들 수 있는 세 자리의 자연수의 개수를 빼면 된다.
5개의 숫자 1, 2, 3, 4, 5 중에서 중복을 허용하여 3개를 뽑아
만들 수 있는 세 자리의 자연수의 개수는 서로 다른 5개에서 3개
를 택하는 중복순열의 수와 같으므로
$_5\Pi_3 = 5^3 = 125$
4개의 숫자 1, 2, 3, 4 중에서 중복을 허용하여 3개를 뽑아 만
들 수 있는 세 자리의 자연수의 개수는 서로 다른 4개에서 3개
를 택하는 중복순열의 수와 같으므로
$_4\Pi_3 = 4^3 = 64$
따라서 구하는 자연수의 개수는
$125 - 64 = 61$

(ⅰ) 5를 한 번 포함한 경우

　　5○○, ○5○, ○○5

　　이 각각에 대하여 5가 들어간 자리를 제외한 나머지 두 자리에 들어갈 숫자를 정하는 경우의 수는 4개의 숫자 1, 2, 3, 4 중에서 2개를 택하는 중복순열의 수와 같으므로

　　$_4\Pi_2 = 4^2 = 16$

　　즉, 이 경우의 수는

　　$3 \times 16 = 48$

(ⅱ) 5를 두 번 포함한 경우

　　55○, 5○5, ○55

　　이 각각에 대하여 5가 들어간 자리를 제외한 나머지 한 자리에 들어갈 숫자를 정하는 경우는

　　1, 2, 3, 4의 4가지

　　즉, 이 경우의 수는

　　$3 \times 4 = 12$

(ⅲ) 5를 세 번 포함한 경우

　　555의 1가지

(ⅰ), (ⅱ), (ⅲ)에서 구하는 자연수의 개수는

$48 + 12 + 1 = 61$

03

$f(a) + f(b) = 6$을 만족시키는 $f(a)$, $f(b)$의 값을 순서쌍 $(f(a), f(b))$로 나타내면

$(1, 5)$, $(2, 4)$, $(3, 3)$, $(4, 2)$, $(5, 1)$의 5가지

이 각각에 대하여 $f(c)$, $f(d)$의 값을 정하는 경우의 수는 서로 다른 5개에서 2개를 택하는 중복순열의 수와 같으므로

$_5\Pi_2 = 5^2 = 25$

따라서 구하는 함수 f의 개수는

$5 \times 25 = 125$

04

구하는 경우의 수는 7개의 문자 a, a, b, b, b, c, d를 일렬로 나열하는 경우의 수에서 두 문자 c, d가 이웃하는 경우의 수를 빼면 된다.

7개의 문자 a, a, b, b, b, c, d를 일렬로 나열하는 경우의 수는 a가 2개, b가 3개 있으므로

$$\frac{7!}{2! \times 3!} = \frac{7 \times 6 \times 5 \times \cdots \times 1}{(2 \times 1) \times (3 \times 2 \times 1)} = 420$$

두 문자 c, d가 이웃하는 경우의 수는

두 문자 c, d를 한 문자 X로 생각하여 6개의 문자 a, a, b, b, b, X를 일렬로 나열하는 경우의 수와 같고, a가 2개, b가 3개 있으므로

$$\frac{6!}{2! \times 3!} = \frac{6 \times 5 \times 4 \times \cdots \times 1}{(2 \times 1) \times (3 \times 2 \times 1)} = 60$$

이때 두 문자 c, d가 서로 자리를 바꾸는 경우의 수는

$2! = 2 \times 1 = 2$

이므로

$60 \times 2 = 120$

따라서 구하는 경우의 수는

$420 - 120 = 300$

5개의 문자 a, a, b, b, b를 일렬로 나열하는 경우의 수는 a가 2개, b가 3개 있으므로

$$\frac{5!}{2! \times 3!} = \frac{5 \times 4 \times 3 \times 2 \times 1}{(2 \times 1) \times (3 \times 2 \times 1)} = 10$$

이 각각에 대하여 두 문자 c, d가 이웃하지 않아야 하므로 5개의 문자 사이사이와 양 끝의 6개의 자리 중 2개를 택하여 c, d를 나열하면 된다.

$\lor a \lor a \lor b \lor b \lor b \lor$

$\therefore {}_6\mathrm{P}_2 = 6 \times 5 = 30$

따라서 구하는 경우의 수는

$10 \times 30 = 300$

05

7번째 게임에서 학생 A가 승리를 확정 지으려면 6번째 게임까지 학생 A가 3번, 학생 B가 3번 이겨야 한다.

따라서 한 번의 게임에서 학생 A가 이기는 경우를 a, 학생 B가 이기는 경우를 b라 하면 구하는 경우의 수는 6개의 문자 a, a, a, b, b, b를 일렬로 나열하는 경우의 수와 같으므로

$$\frac{6!}{3! \times 3!} = \frac{6 \times 5 \times 4 \times \cdots \times 1}{(3 \times 2 \times 1) \times (3 \times 2 \times 1)} = 20$$

06

자연수가 4의 배수이려면 끝의 두 자리의 수가 00 또는 4의 배수이어야 한다.

(ⅰ) 끝의 두 자리의 수가 12인 경우

　　1, 2를 나열한 끝의 두 자리를 제외한 나머지 5개의 자리에 5개의 숫자 3, 3, 5, 5, 5를 나열하면 된다.

　　즉, 이 경우의 수는 3이 2개, 5가 3개 있으므로

　　$$\frac{5!}{2! \times 3!} = \frac{5 \times 4 \times 3 \times 2 \times 1}{(2 \times 1) \times (3 \times 2 \times 1)} = 10$$

(ⅱ) 끝의 두 자리의 수가 32인 경우

　　3, 2를 나열한 끝의 두 자리를 제외한 나머지 5개의 자리에 5개의 숫자 1, 3, 5, 5, 5를 나열하면 된다.

　　즉, 이 경우의 수는 5가 3개 있으므로

　　$$\frac{5!}{3!} = \frac{5 \times 4 \times 3 \times 2 \times 1}{3 \times 2 \times 1} = 20$$

(ⅲ) 끝의 두 자리의 수가 52인 경우

　　5, 2를 나열한 끝의 두 자리를 제외한 나머지 5개의 자리에 5개의 숫자 1, 3, 3, 5, 5를 나열하면 된다.

　　즉, 이 경우의 수는 3이 2개, 5가 2개 있으므로

　　$$\frac{5!}{2! \times 2!} = \frac{5 \times 4 \times 3 \times 2 \times 1}{(2 \times 1) \times (2 \times 1)} = 30$$

(ⅰ), (ⅱ), (ⅲ)에서 구하는 4의 배수의 개수는

$10 + 20 + 30 = 60$

07

A, B와 C, D, E의 순서가 각각 정해져 있으므로 A, B를 모두 X로, C, D, E를 모두 Y로 생각하여 6명의 학생 X, X, Y, Y, Y, F를 일렬로 나열한 후 첫 번째 X는 A로, 두 번째 X는 B로 바꾸고, 첫 번째, 두 번째 Y는 D, E 또는 E, D로, 세 번째 Y는 C로 바꾸면 된다.

따라서 구하는 경우의 수는

$$\frac{6!}{2! \times 3!} \times 2 = \frac{6 \times 5 \times 4 \times \cdots \times 1}{(2 \times 1) \times (3 \times 2 \times 1)} \times 2 = 120$$

08

오른쪽 그림과 같이 두 지점 P, Q를 잡으면 구하는 경우의 수는 A → P → B 또는 A → Q → B로 가는 최단 거리의 경우의 수와 같다.

오른쪽으로 한 칸 이동하는 것을 x, 위쪽으로 한 칸 이동하는 것을 y라 하자.

(i) A → P → B로 가는 최단 거리의 경우의 수

지점 A에서 지점 P까지 최단 거리로 가려면 오른쪽으로 2칸, 위쪽으로 3칸을 가야 한다.

즉, 5개의 문자 x, x, y, y, y를 일렬로 나열하는 경우의 수와 같으므로

$$\frac{5!}{2! \times 3!} = \frac{5 \times 4 \times 3 \times 2 \times 1}{(2 \times 1) \times (3 \times 2 \times 1)} = 10$$

지점 P에서 지점 B까지 최단 거리로 가려면 오른쪽으로 2칸, 위쪽으로 2칸을 가야 한다.

즉, 4개의 문자 x, x, y, y를 일렬로 나열하는 경우의 수와 같으므로

$$\frac{4!}{2! \times 2!} = \frac{4 \times 3 \times 2 \times 1}{(2 \times 1) \times (2 \times 1)} = 6$$

따라서 이 경우의 수는

$10 \times 6 = 60$

(ii) A → Q → B로 가는 최단 거리의 경우의 수

지점 A에서 지점 Q까지 최단 거리로 가려면 오른쪽으로 3칸, 위쪽으로 2칸을 가야 한다.

즉, 5개의 문자 x, x, x, y, y를 일렬로 나열하는 경우의 수와 같으므로

$$\frac{5!}{3! \times 2!} = \frac{5 \times 4 \times 3 \times 2 \times 1}{(3 \times 2 \times 1) \times (2 \times 1)} = 10$$

지점 Q에서 지점 B까지 최단 거리로 가려면 오른쪽으로 1칸, 위쪽으로 3칸을 가야 한다.

즉, 4개의 문자 x, y, y, y를 일렬로 나열하는 경우의 수와 같으므로

$$\frac{4!}{3!} = \frac{4 \times 3 \times 2 \times 1}{3 \times 2 \times 1} = 4$$

따라서 이 경우의 수는

$10 \times 4 = 40$

(i), (ii)에서 구하는 경우의 수는

$60 + 40 = 100$

09

구하는 함수 f의 개수는 X에서 Y로의 모든 함수 f의 개수에서 $x \times f(x) > 10$인 집합 X의 원소가 존재하는 함수 f의 개수를 빼면 된다.

X에서 Y로의 모든 함수 f의 개수는 서로 다른 3개에서 5개를 택하는 중복순열의 수와 같으므로

$_3\Pi_5 = 3^5 = 243$

한편, $x \times f(x) > 10$인 x가 존재하는 함수의 f의 개수는

(i) $f(4) = 3$인 함수 f의 개수

$f(1)$, $f(2)$, $f(3)$, $f(5)$가 될 수 있는 값은 1, 2, 3이므로 이 경우의 함수의 개수는 서로 다른 3개에서 4개를 택하는 중복순열의 수와 같다.

$\therefore _3\Pi_4 = 3^4 = 81$

(ii) $f(5) = 3$인 함수 f의 개수

(i)과 같은 방법으로 81

(iii) $f(4) = 3$, $f(5) = 3$인 함수 f의 개수

$f(1)$, $f(2)$, $f(3)$이 될 수 있는 값은 1, 2, 3이므로 이 경우의 함수의 개수는 서로 다른 3개에서 3개를 택하는 중복순열의 수와 같다.

$\therefore _3\Pi_3 = 3^3 = 27$

(i), (ii), (iii)에서

$81 + 81 - 27 = 135$

따라서 구하는 함수 f의 개수는

$243 - 135 = 108$

다른 풀이

(i) $f(1)$, $f(2)$, $f(3)$의 값을 정하는 경우의 수

$f(1)$, $f(2)$, $f(3)$이 될 수 있는 값은 1, 2, 3이므로 이 경우의 수는 서로 다른 3개에서 3개를 택하는 중복순열의 수와 같다.

$\therefore _3\Pi_3 = 3^3 = 27$

(ii) $f(4)$, $f(5)$의 값을 정하는 경우의 수

$f(4)$, $f(5)$가 될 수 있는 값은 1, 2이므로 이 경우의 수는 서로 다른 2개에서 2개를 택하는 중복순열의 수와 같다.

$\therefore _2\Pi_2 = 2^2 = 4$

(i), (ii)에서 구하는 함수 f의 개수는

$27 \times 4 = 108$

10

3개의 문자 A, B, C의 순서가 정해져 있으므로 A, B, C를 모두 X로 생각하여 6개의 문자를 일렬로 나열한 후 첫 번째, 세 번째 X는 B, C 또는 C, B로, 두 번째 X는 A로 바꾸면 된다.

따라서 구하는 경우의 수는

$$\frac{6!}{3!} \times 2 = \frac{6 \times 5 \times 4 \times \cdots \times 1}{3 \times 2 \times 1} \times 2 = 240$$

> 개념으로 **단원 마무리**   · 본문 16쪽

1 답 (1) 중복순열, $_n\Pi_r$ (2) n^r (3) $n!$

2 답 (1) ○ (2) × (3) ○ (4) × (5) ○

(2) $_5\Pi_3 = 5^3 = 125$

(4) 총 문자의 개수가 7이므로 경우의 수는 $\dfrac{7!}{2! \times 3!}$이다.

02 중복조합과 이항정리

교과서 개념 확인하기

1 답 (1) 35　(2) 5　(3) 10

(1) $_5H_3=_{5+3-1}C_3=_7C_3=\dfrac{7\times6\times5}{3\times2\times1}=35$

(2) $_2H_4=_{2+4-1}C_4=_5C_4=_5C_1=5$

(3) $_3H_3=_{3+3-1}C_3=_5C_3=_5C_2=\dfrac{5\times4}{2\times1}=10$

2 답 15

구하는 중복조합의 수는 서로 다른 5개에서 2개를 택하는 중복
조합의 수와 같으므로

$_5H_2=_{5+2-1}C_2=_6C_2=\dfrac{6\times5}{2\times1}=15$

3 답 (1) $x^4+8x^3y+24x^2y^2+32xy^3+16y^4$
　　(2) $a^5-5a^4b+10a^3b^2-10a^2b^3+5ab^4-b^5$

(1) $(x+2y)^4=_4C_0x^4+_4C_1x^3(2y)^1+_4C_2x^2(2y)^2$
　　　　　　　　　　$+_4C_3x^1(2y)^3+_4C_4(2y)^4$
　　　　$=_4C_0x^4+_4C_1x^3(2y)^1+_4C_2x^2(2y)^2$
　　　　　　　　　　$+_4C_1x^1(2y)^3+_4C_0(2y)^4$
　　　　$=1\times x^4+4\times x^3\times2y+\dfrac{4\times3}{2\times1}\times x^2\times4y^2$
　　　　　　　　　　$+4\times x\times8y^3+1\times16y^4$
　　　　$=x^4+8x^3y+24x^2y^2+32xy^3+16y^4$

(2) $(a-b)^5=_5C_0a^5+_5C_1a^4(-b)^1+_5C_2a^3(-b)^2$
　　　　　　　　$+_5C_3a^2(-b)^3+_5C_4a^1(-b)^4+_5C_5(-b)^5$
　　　　$=_5C_0a^5+_5C_1a^4(-b)^1+_5C_2a^3(-b)^2$
　　　　　　　　$+_5C_2a^2(-b)^3+_5C_1a^1(-b)^4+_5C_0(-b)^5$
　　　　$=1\times a^5+5\times a^4\times(-b)+\dfrac{5\times4}{2\times1}\times a^3\times b^2$
　　　　　　　$+\dfrac{5\times4}{2\times1}\times a^2\times(-b^3)+5\times a\times b^4+1\times(-b^5)$
　　　　$=a^5-5a^4b+10a^3b^2-10a^2b^3+5ab^4-b^5$

4 답 (1) 256　(2) 512

(1) $_8C_0+_8C_1+_8C_2+\cdots+_8C_8=2^8=256$

(2) $_{10}C_0+_{10}C_2+_{10}C_4+\cdots+_{10}C_{10}=2^{10-1}=512$

5 답 파스칼의 삼각형: 왼쪽 위에서부터 5, 10, 6, 20, 15, 6
　　　　(1) $x^5+5x^4y+10x^3y^2+10x^2y^3+5xy^4+y^5$
　　　　(2) $x^6-6x^5+15x^4-20x^3+15x^2-6x+1$

(1) $(x+y)^5$의 계수는 차례대로 1, 5, 10, 10, 5, 1이므로
　　$(x+y)^5=x^5+5x^4y+10x^3y^2+10x^2y^3+5xy^4+y^5$

(2) $(x+1)^6$의 계수는 차례대로 1, 6, 15, 20, 15, 6, 1이므로
　　$(x-1)^6=x^6+6x^5(-1)^1+15x^4(-1)^2+20x^3(-1)^3$
　　　　　　　　$+15x^2(-1)^4+6x(-1)^5+(-1)^6$
　　　　　　$=x^6-6x^5+15x^4-20x^3+15x^2-6x+1$

6 답 (1) $_7C_4$　(2) $_{11}C_7$

(1) $_5C_2+_5C_3+_6C_4=(_5C_2+_5C_3)+_6C_4$
　　　　　　　　$=_6C_3+_6C_4$
　　　　　　　　$=_7C_4$

(2) $_9C_5+_9C_6+_{10}C_7=(_9C_5+_9C_6)+_{10}C_7$
　　　　　　　　$=_{10}C_6+_{10}C_7$
　　　　　　　　$=_{11}C_7$

교과서 예제로 개념 익히기

필수 예제 1 답 36

구하는 경우의 수는 서로 다른 3개에서 7개를 택하는 중복조합
의 수와 같으므로

$_3H_7=_{3+7-1}C_7=_9C_7=_9C_2=\dfrac{9\times8}{2\times1}=36$

1-1 답 56

구하는 경우의 수는 서로 다른 4개에서 5개를 택하는 중복조합
의 수와 같으므로

$_4H_5=_{4+5-1}C_5=_8C_5=_8C_3=\dfrac{8\times7\times6}{3\times2\times1}=56$

1-2 답 210

구하는 경우의 수는 서로 다른 5개에서 6개를 택하는 중복조합
의 수와 같으므로

$_5H_6=_{5+6-1}C_6=_{10}C_6=_{10}C_4=\dfrac{10\times9\times8\times7}{4\times3\times2\times1}=210$

1-3 답 84

4명의 학생 모두 공책을 한 권 이상 받아야 하므로 먼저 4명의
학생에게 공책을 한 권씩 나누어 주고 남은 공책 6권을 4명의
학생에게 나누어 주면 된다.
따라서 구하는 경우의 수는 서로 다른 4개에서 6개를 택하는
중복조합의 수와 같으므로

$_4H_6=_{4+6-1}C_6=_9C_6=_9C_3=\dfrac{9\times8\times7}{3\times2\times1}=84$

필수 예제 2 답 (1) 45　(2) 21

(1) 구하는 해의 개수는 서로 다른 3개의 문자 x, y, z 중에서 8
　　개를 택하는 중복조합의 수와 같다.
　　따라서 구하는 해의 개수는

　　$_3H_8=_{3+8-1}C_8=_{10}C_8=_{10}C_2=\dfrac{10\times9}{2\times1}=45$

　　참고 $x=2$, $y=1$, $z=5$인 경우는 x, x, y, z, z, z, z, z를 택하는
　　경우이다.

(2) x, y, z가 모두 양의 정수이어야 하므로
　　$x=a+1$, $y=b+1$, $z=c+1$ (a, b, c는 음이 아닌 정수)
　　이라 하고, 방정식 $x+y+z=8$에 대입하면
　　$(a+1)+(b+1)+(c+1)=8$
　　$\therefore a+b+c=5$

즉, 구하는 해의 개수는 앞의 방정식을 만족시키는 음이 아닌 정수 a, b, c의 순서쌍 (a, b, c)의 개수와 같고, 이는 서로 다른 3개의 문자 a, b, c 중에서 5개를 택하는 중복조합의 수와 같다.

따라서 구하는 해의 개수는

$$_3H_5 = {}_{3+5-1}C_5 = {}_7C_5 = {}_7C_2 = \frac{7 \times 6}{2 \times 1} = 21$$

참고 방정식의 양의 정수인 해의 개수는 음이 아닌 정수인 해의 개수로 바꾸어 구한다.

 플러스 강의

방정식의 해의 개수

방정식 $x_1 + x_2 + x_3 + \cdots + x_n = r$ (n, r는 자연수)에서
(1) 음이 아닌 정수인 해의 개수
   $$_nH_r$$
(2) 양의 정수(자연수)인 해의 개수
   $$_nH_{r-n} \ (\text{단, } r \geq n)$$

2-1 답 (1) 84 (2) 10

(1) 구하는 해의 개수는 서로 다른 4개의 문자 x, y, z, w 중에서 6개를 택하는 중복조합의 수와 같다.
따라서 구하는 해의 개수는

$$_4H_6 = {}_{4+6-1}C_6 = {}_9C_6 = {}_9C_3 = \frac{9 \times 8 \times 7}{3 \times 2 \times 1} = 84$$

(2) x, y, z, w가 모두 양의 정수이어야 하므로
$$x = a+1, \ y = b+1, \ z = c+1, \ w = d+1$$
$$(a, b, c, d\text{는 음이 아닌 정수})$$
이라 하고, 방정식 $x+y+z+w=6$에 대입하면
$$(a+1)+(b+1)+(c+1)+(d+1)=6$$
$$\therefore a+b+c+d=2$$
즉, 구하는 해의 개수는 위의 방정식을 만족시키는 음이 아닌 정수 a, b, c, d의 순서쌍 (a, b, c, d)의 개수와 같고, 이는 서로 다른 4개의 문자 a, b, c, d 중에서 2개를 택하는 중복조합의 수와 같다.
따라서 구하는 해의 개수는

$$_4H_2 = {}_{4+2-1}C_2 = {}_5C_2 = \frac{5 \times 4}{2 \times 1} = 10$$

2-2 답 9

방정식 $x+y+z=k$를 만족시키는 음이 아닌 정수 x, y, z의 순서쌍 (x, y, z)의 개수가 55이므로 서로 다른 3개의 문자 x, y, z 중에서 k개를 택하는 중복조합의 수가 55이다.

즉, $_3H_k=55$에서
$$_{3+k-1}C_k = 55$$
$$_{k+2}C_k = 55$$
$$_{k+2}C_2 = 55 \ (\because {}_nC_r = {}_nC_{n-r})$$
$$\frac{(k+2)(k+1)}{2 \times 1} = 55$$
$$(k+2)(k+1) = 110 = 11 \times 10$$
$$\therefore k = 9 \ (\because k\text{는 자연수})$$

2-3 답 28

x, y, z가 $x \geq 1$, $y \geq 2$, $z \geq 3$인 정수이어야 하므로

$$x = a+1, \ y = b+2, \ z = c+3 \ (a, b, c\text{는 음이 아닌 정수})$$
이라 하고, 방정식 $x+y+z=12$에 대입하면
$$(a+1)+(b+2)+(c+3)=12$$
$$\therefore a+b+c=6$$
즉, 구하는 해의 개수는 위의 방정식을 만족시키는 음이 아닌 정수 a, b, c의 순서쌍 (a, b, c)의 개수와 같고, 이는 서로 다른 3개의 문자 a, b, c 중에서 6개를 택하는 중복조합의 수와 같다.
따라서 구하는 해의 개수는

$$_3H_6 = {}_{3+6-1}C_6 = {}_8C_6 = {}_8C_2 = \frac{8 \times 7}{2 \times 1} = 28$$

필수 예제 3 답 (1) 4 (2) 20

(1) 주어진 조건을 만족시키려면 집합 Y의 4개의 원소 1, 2, 3, 4 중에서 서로 다른 3개를 택한 후 가장 작은 수부터 차례대로 집합 X의 원소 a, b, c에 대응시키면 된다.
따라서 구하는 함수 f의 개수는 서로 다른 4개에서 3개를 택하는 조합의 수와 같으므로
$$_4C_3 = {}_4C_1 = 4$$

(2) 주어진 조건을 만족시키려면 집합 Y의 4개의 원소 1, 2, 3, 4 중에서 중복을 허용하여 3개를 택한 후 크기가 작거나 같은 수부터 차례대로 집합 X의 원소 a, b, c에 대응시키면 된다.
따라서 구하는 함수 f의 개수는 서로 다른 4개에서 3개를 택하는 중복조합의 수와 같으므로
$$_4H_3 = {}_{4+3-1}C_3 = {}_6C_3 = \frac{6 \times 5 \times 4}{3 \times 2 \times 1} = 20$$

플러스 강의

집합 $X = \{1, 2, 3, \cdots, m\}$에서 집합 $Y = \{1, 2, 3, \cdots, n\}$으로의 함수 f에 대하여
(1) $f(1) < f(2) < f(3) < \cdots < f(m)$을 만족시키는 함수 f의 개수
   $$_nC_m \ (\text{단, } n \geq m)$$
(2) $f(1) \leq f(2) \leq f(3) \leq \cdots \leq f(m)$을 만족시키는 함수 f의 개수
   $$_nH_m$$

3-1 답 (1) 15 (2) 126

(1) 주어진 조건을 만족시키려면 집합 Y의 6개의 원소 1, 2, 3, 4, 5, 6 중에서 서로 다른 4개를 택한 후 가장 큰 수부터 차례대로 집합 X의 원소 a, b, c, d에 대응시키면 된다.
따라서 구하는 함수 f의 개수는 서로 다른 6개에서 4개를 택하는 조합의 수와 같으므로
$$_6C_4 = {}_6C_2 = \frac{6 \times 5}{2 \times 1} = 15$$

(2) 주어진 조건을 만족시키려면 집합 Y의 6개의 원소 1, 2, 3, 4, 5, 6 중에서 중복을 허용하여 4개를 택한 후 크기가 크거나 같은 수부터 차례대로 집합 X의 원소 a, b, c, d에 대응시키면 된다.
따라서 구하는 함수 f의 개수는 서로 다른 6개에서 4개를 택하는 중복조합의 수와 같으므로
$$_6H_4 = {}_{6+4-1}C_4 = {}_9C_4 = \frac{9 \times 8 \times 7 \times 6}{4 \times 3 \times 2 \times 1} = 126$$

3-2 답 35

주어진 조건을 만족시키려면 집합 Y의 5개의 원소 1, 2, 3, 4, 5 중에서 중복을 허용하여 3개를 택한 후 크기가 작거나 같은 수부터 차례대로 집합 X의 원소 1, 2, 3에 대응시키면 된다.

따라서 구하는 함수 f의 개수는 서로 다른 5개에서 3개를 택하는 중복조합의 수와 같으므로

$$_5H_3 = {}_{5+3-1}C_3 = {}_7C_3$$
$$= \frac{7 \times 6 \times 5}{3 \times 2 \times 1} = 35$$

3-3 답 70

구하는 함수 f의 개수는 $f(1) \leq f(2) \leq f(3) \leq f(4)$를 만족시키는 함수 f의 개수에서 $f(1) \leq f(2) = f(3) \leq f(4)$를 만족시키는 함수 f의 개수를 빼면 된다.

$f(1) \leq f(2) \leq f(3) \leq f(4)$를 만족시키는 함수 f의 개수는 집합 Y의 6개의 원소 1, 2, 3, 4, 5, 6 중에서 중복을 허용하여 4개를 택한 후 크기가 작거나 같은 수부터 차례대로 집합 X의 원소 1, 2, 3, 4에 대응시키면 되므로 서로 다른 6개에서 4개를 택하는 중복조합의 수와 같다.

$$\therefore {}_6H_4 = {}_{6+4-1}C_4 = {}_9C_4$$
$$= \frac{9 \times 8 \times 7 \times 6}{4 \times 3 \times 2 \times 1} = 126$$

$f(1) \leq f(2) = f(3) \leq f(4)$를 만족시키는 함수 f의 개수는 집합 Y의 6개의 원소 1, 2, 3, 4, 5, 6 중에서 중복을 허용하여 3개를 택한 후 크기가 작거나 같은 수부터 차례대로 집합 X의 원소 1, 2, 4에 대응시키면 되므로 서로 다른 6개에서 3개를 택하는 중복조합의 수와 같다. → 3은 2와 같은 수에 대응시킨다.

$$\therefore {}_6H_3 = {}_{6+3-1}C_3 = {}_8C_3$$
$$= \frac{8 \times 7 \times 6}{3 \times 2 \times 1} = 56$$

따라서 구하는 함수 f의 개수는

$126 - 56 = 70$

필수 예제 4 답 (1) 270 (2) 15

$(x+3y)^5$의 전개식의 일반항은

$$_5C_r x^{5-r}(3y)^r = {}_5C_r 3^r x^{5-r} y^r$$

(1) $x^2 y^3 = x^{5-r} y^r$에서 $r = 3$이므로

$$_5C_3 \times 3^3 = {}_5C_2 \times 3^3 = \frac{5 \times 4}{2 \times 1} \times 27 = 270$$

(2) $x^4 y = x^{5-r} y^r$에서 $r = 1$이므로

$$_5C_1 \times 3 = 5 \times 3 = 15$$

4-1 답 (1) 240 (2) -12

$(x^2 - 2x)^6$의 전개식의 일반항은

$$_6C_r(x^2)^{6-r}(-2x)^r = {}_6C_r(-2)^r x^{12-r}$$

(1) $x^8 = x^{12-r}$에서 $8 = 12 - r$, 즉 $r = 4$이므로

$$_6C_4 \times (-2)^4 = {}_6C_2 \times (-2)^4 = \frac{6 \times 5}{2 \times 1} \times 16 = 240$$

(2) $x^{11} = x^{12-r}$에서 $11 = 12 - r$, 즉 $r = 1$이므로

$$_6C_1 \times (-2) = 6 \times (-2) = -12$$

4-2 답 -1

$(ax+2y)^7$의 전개식의 일반항은

$$_7C_r(ax)^{7-r}(2y)^r = {}_7C_r a^{7-r} 2^r x^{7-r} y^r$$

$x^5 y^2$의 계수가 -84이고,

$x^5 y^2 = x^{7-r} y^r$에서 $r = 2$이므로

$$_7C_2 \times a^{7-2} \times 2^2 = \frac{7 \times 6}{2 \times 1} \times a^5 \times 4$$
$$= 84a^5 = -84$$

$\therefore a = -1$ (∵ a는 실수)

4-3 답 9

$\left(x - \dfrac{1}{x}\right)^6$의 전개식의 일반항은

$$_6C_r x^{6-r}\left(-\frac{1}{x}\right)^r = {}_6C_r(-1)^r x^{6-2r}$$

x^4의 계수는

$x^4 = x^{6-2r}$에서 $4 = 6 - 2r$, 즉 $r = 1$이므로

$$_6C_1 \times (-1) = 6 \times (-1) = -6$$

$\dfrac{1}{x^2} = x^{-2}$의 계수는

$x^{-2} = x^{6-2r}$에서 $-2 = 6 - 2r$, 즉 $r = 4$이므로

$$_6C_4 \times (-1)^4 = {}_6C_2 \times (-1)^4 = \frac{6 \times 5}{2 \times 1} \times 1 = 15$$

따라서 x^4의 계수와 $\dfrac{1}{x^2}$의 계수의 합은

$(-6) + 15 = 9$

필수 예제 5 답 1023

$_{10}C_1 + {}_{10}C_2 + {}_{10}C_3 + \cdots + {}_{10}C_{10}$

$= {}_{10}C_1 + {}_{10}C_2 + {}_{10}C_3 + \cdots + {}_{10}C_{10} + {}_{10}C_0 - {}_{10}C_0$

$= ({}_{10}C_0 + {}_{10}C_1 + {}_{10}C_2 + {}_{10}C_3 + \cdots + {}_{10}C_{10}) - {}_{10}C_0$

$= 2^{10} - 1 = 1023$

5-1 답 1

$_8C_1 - {}_8C_2 + {}_8C_3 - {}_8C_4 + \cdots - {}_8C_8$

$= {}_8C_1 - {}_8C_2 + {}_8C_3 - {}_8C_4 + \cdots - {}_8C_8 - {}_8C_0 + {}_8C_0$

$= -({}_8C_0 - {}_8C_1 + {}_8C_2 - {}_8C_3 + \cdots - {}_8C_7 + {}_8C_8) + {}_8C_0$

$= 0 + 1 = 1$

5-2 답 $\dfrac{1}{8}$

$p = {}_{15}C_1 + {}_{15}C_3 + {}_{15}C_5 + \cdots + {}_{15}C_{15} = 2^{15-1} = 2^{14}$

$q = {}_{12}C_0 + {}_{12}C_2 + {}_{12}C_4 + \cdots + {}_{12}C_{12} = 2^{12-1} = 2^{11}$

$$\therefore \frac{q}{p} = \frac{2^{11}}{2^{14}} = \frac{1}{8}$$

5-3 답 11

$_nC_1 + {}_nC_2 + {}_nC_3 + \cdots + {}_nC_n$

$= {}_nC_1 + {}_nC_2 + {}_nC_3 + \cdots + {}_nC_n + {}_nC_0 - {}_nC_0$

$= ({}_nC_0 + {}_nC_1 + {}_nC_2 + {}_nC_3 + \cdots + {}_nC_n) - {}_nC_0$

$= 2^n - 1$

이므로 주어진 부등식에서

$2000 < 2^n - 1 < 4000$

$\therefore 2001 < 2^n < 4001$

이때

$2^{10} = 1024$, $2^{11} = 2048$, $2^{12} = 4096$

이므로 구하는 자연수 n의 값은 11이다.

필수 예제 6 답 126

$_4C_0=_5C_0$이므로

$_4C_0+_5C_1+_6C_2+_7C_3+_8C_4$

$=(_5C_0+_5C_1)+_6C_2+_7C_3+_8C_4$

$=(_6C_1+_6C_2)+_7C_3+_8C_4$

$=(_7C_2+_7C_3)+_8C_4$

$=_8C_3+_8C_4$

$=_9C_4$

$=\dfrac{9\times8\times7\times6}{4\times3\times2\times1}$

$=126$

6-1 답 461

$_6C_1+_7C_2+_8C_3+_9C_4+_{10}C_5$

$=_6C_1+_7C_2+_8C_3+_9C_4+_{10}C_5+_6C_0-_6C_0$

$=(_6C_0+_6C_1)+_7C_2+_8C_3+_9C_4+_{10}C_5-_6C_0$

$=(_7C_1+_7C_2)+_8C_3+_9C_4+_{10}C_5-_6C_0$

$=(_8C_2+_8C_3)+_9C_4+_{10}C_5-_6C_0$

$=(_9C_3+_9C_4)+_{10}C_5-_6C_0$

$=(_{10}C_4+_{10}C_5)-_6C_0$

$=_{11}C_5-_6C_0$

$=\dfrac{11\times10\times9\times8\times7}{5\times4\times3\times2\times1}-1$

$=462-1$

$=461$

6-2 답 84

$_2C_2=_3C_3$이므로

$_2C_2+_3C_2+_4C_2+_5C_2+\cdots+_8C_2$

$=(_3C_3+_3C_2)+_4C_2+_5C_2+\cdots+_8C_2$

$=(_4C_3+_4C_2)+_5C_2+\cdots+_8C_2$

$=(_5C_3+_5C_2)+\cdots+_8C_2$

$\qquad\vdots$

$=_8C_3+_8C_2$

$=_9C_3$

$=\dfrac{9\times8\times7}{3\times2\times1}$

$=84$

6-3 답 ②

$_1C_0=_2C_0$이므로

$_1C_0+_2C_1+_3C_2+_4C_3+_5C_4+_6C_5$

$=(_2C_0+_2C_1)+_3C_2+_4C_3+_5C_4+_6C_5$

$=(_3C_1+_3C_2)+_4C_3+_5C_4+_6C_5$

$=(_4C_2+_4C_3)+_5C_4+_6C_5$

$=(_5C_3+_5C_4)+_6C_5$

$=_6C_4+_6C_5$

$=_7C_5$

다른 풀이

색칠한 부분에 있는 수들의 합은 가장 마지막 행의 수 $_6C_5$와 그 왼쪽의 수 $_6C_4$의 중앙 아래의 수와 같으므로 $_7C_5$이다.

• 본문 26~27쪽

실전 문제로 단원 마무리

01 ①	**02** 96	**03** ④	**04** ⑤
05 32	**06** ⑤	**07** 512	**08** ⑤
09 ③	**10** ②		

01

서로 다른 항의 개수는 3개의 문자 a, b, c에서 5개를 택하는 중복조합의 수와 같으므로

$_3H_5=_{3+5-1}C_5=_7C_5=_7C_2$

$\qquad=\dfrac{7\times6}{2\times1}=21$

플러스 강의

전개식에서의 서로 다른 항의 개수

$(x_1+x_2+x_3+\cdots+x_n)^r$ (n, r는 자연수)의 전개식에서 서로 다른 항의 개수는

$\qquad_nH_r$

02

(ⅰ) $w=0$일 때

$w=0$을 $x+y+z+w^2=8$에 대입하면

$x+y+z+0=8$

$\therefore x+y+z=8$

위의 방정식을 만족시키는 음이 아닌 정수 x, y, z의 순서쌍 (x, y, z)의 개수는 서로 다른 3개의 문자 x, y, z 중에서 8개를 택하는 중복조합의 수와 같으므로

$_3H_8=_{3+8-1}C_8=_{10}C_8=_{10}C_2$

$\qquad=\dfrac{10\times9}{2\times1}=45$

(ⅱ) $w=1$일 때

$w=1$을 $x+y+z+w^2=8$에 대입하면

$x+y+z+1=8$

$\therefore x+y+z=7$

위의 방정식을 만족시키는 음이 아닌 정수 x, y, z의 순서쌍 (x, y, z)의 개수는 서로 다른 3개의 문자 x, y, z 중에서 7개를 택하는 중복조합의 수와 같으므로

$_3H_7=_{3+7-1}C_7=_9C_7=_9C_2$

$\qquad=\dfrac{9\times8}{2\times1}=36$

(ⅲ) $w=2$일 때

$w=2$를 $x+y+z+w^2=8$에 대입하면

$x+y+z+4=8$

$\therefore x+y+z=4$

위의 방정식을 만족시키는 음이 아닌 정수 x, y, z의 순서쌍 (x, y, z)의 개수는 서로 다른 3개의 문자 x, y, z 중에서 4개를 택하는 중복조합의 수와 같으므로

$_3H_4=_{3+4-1}C_4=_6C_4=_6C_2$

$\qquad=\dfrac{6\times5}{2\times1}=15$

(ⅰ), (ⅱ), (ⅲ)에서 구하는 순서쌍 (x, y, z, w)의 개수는

$45+36+15=96$

03

$f(1)$, $f(2)$, $f(3)$의 값을 정하는 경우의 수는 집합 Y의 5개의 원소 6, 7, 8, 9, 10 중에서 중복을 허용하여 3개를 택한 후 크기가 작거나 같은 수부터 차례대로 집합 X의 원소 1, 2, 3에 대응시키면 되므로 서로 다른 5개에서 3개를 택하는 중복조합의 수와 같다.

$$\therefore {}_5H_3={}_{5+3-1}C_3={}_7C_3=\frac{7\times6\times5}{3\times2\times1}=35$$

$f(4)$, $f(5)$의 값을 정하는 경우의 수는 집합 Y의 5개의 원소 6, 7, 8, 9, 10 중에서 중복을 허용하여 2개를 택하는 중복순열의 수와 같다.

$$\therefore {}_5\Pi_2=5^2=25$$

따라서 구하는 함수 f의 개수는

$$35\times25=875$$

04

조건 (가)에서 $f(c)=4$이므로 조건 (나)에 의하여

$$1\leq f(a)\leq f(b)\leq4\leq f(d)\leq5$$

$f(a)$, $f(b)$의 값을 정하는 경우의 수는 집합 Y의 4개의 원소 1, 2, 3, 4 중에서 중복을 허용하여 2개를 택한 후 크기가 작거나 같은 수부터 차례대로 집합 X의 원소 a, b에 대응시키면 되므로 서로 다른 4개에서 2개를 택하는 중복조합의 수와 같다.

$$\therefore {}_4H_2={}_{4+2-1}C_2={}_5C_2=\frac{5\times4}{2\times1}=10$$

$f(d)$의 값을 정하는 경우는

4, 5의 2가지

따라서 구하는 함수 f의 개수는

$$10\times2=20$$

05

$\left(ax^2+\dfrac{2}{x^3}\right)^4$의 전개식의 일반항은

$${}_4C_r(ax^2)^{4-r}\left(\frac{2}{x^3}\right)^r={}_4C_r\,a^{4-r}2^r x^{8-5r}$$

x^3의 계수가 8이고,

$x^3=x^{8-5r}$에서 $3=8-5r$, 즉 $r=1$이므로

$${}_4C_1\times a^{4-1}\times2=4\times a^3\times2$$
$$=8a^3=8$$

$$\therefore a=1\ (\because a는\ 실수)$$

따라서 $\dfrac{1}{x^7}=x^{-7}$의 계수는

$x^{-7}=x^{8-5r}$에서 $-7=8-5r$, 즉 $r=3$이므로

$${}_4C_3\times2^3={}_4C_1\times2^3=4\times8=32$$

06

$0\leq r\leq13$인 정수 r에 대하여 ${}_{13}C_r={}_{13}C_{13-r}$이므로

${}_{13}C_0+{}_{13}C_1+{}_{13}C_2+\cdots+{}_{13}C_6=S$라 하면

$${}_{13}C_{13}+{}_{13}C_{12}+{}_{13}C_{11}+\cdots+{}_{13}C_7=S$$

이때 ${}_{13}C_0+{}_{13}C_1+{}_{13}C_2+\cdots+{}_{13}C_{13}=2^{13}$이므로

$$({}_{13}C_0+{}_{13}C_1+{}_{13}C_2+\cdots+{}_{13}C_6)$$
$$\qquad\qquad+({}_{13}C_7+{}_{13}C_8+{}_{13}C_9+\cdots+{}_{13}C_{13})$$
$$=S+S=2S=2^{13}$$

$$\therefore {}_{13}C_0+{}_{13}C_1+{}_{13}C_2+\cdots+{}_{13}C_6=S=2^{12}$$

07

(i) 원소의 개수가 1인 부분집합의 개수는 ${}_{10}C_1$

(ii) 원소의 개수가 3인 부분집합의 개수는 ${}_{10}C_3$

(iii) 원소의 개수가 5인 부분집합의 개수는 ${}_{10}C_5$

(iv) 원소의 개수가 7인 부분집합의 개수는 ${}_{10}C_7$

(v) 원소의 개수가 9인 부분집합의 개수는 ${}_{10}C_9$

(i)~(v)에서 구하는 집합의 개수는

$${}_{10}C_1+{}_{10}C_3+{}_{10}C_5+{}_{10}C_7+{}_{10}C_9=2^{10-1}=512$$

08

주어진 전개식에서의 x^2의 계수는

$(1+x)^2$, $(1+x)^3$, $(1+x)^4$, $\cdots$, $(1+x)^{10}$의 전개식에서의 x^2의 계수의 합과 같다.

$(1+x)^n$의 전개식의 일반항은

$${}_nC_r1^{n-r}x^r={}_nC_r\,x^r$$

$(1+x)^2$의 전개식에서 x^2의 계수는 ${}_2C_2$

$(1+x)^3$의 전개식에서 x^2의 계수는 ${}_3C_2$

$(1+x)^4$의 전개식에서 x^2의 계수는 ${}_4C_2$

$$\vdots$$

$(1+x)^{10}$의 전개식에서 x^2의 계수는 ${}_{10}C_2$

따라서 구하는 x^2의 계수는 ${}_2C_2+{}_3C_2+{}_4C_2+\cdots+{}_{10}C_2$의 값과 같다.

${}_2C_2={}_3C_3$이므로

$$\begin{aligned}{}_2C_2+{}_3C_2+{}_4C_2+\cdots+{}_{10}C_2&=({}_3C_3+{}_3C_2)+{}_4C_2+\cdots+{}_{10}C_2\\&=({}_4C_3+{}_4C_2)+{}_5C_2+\cdots+{}_{10}C_2\\&=({}_5C_3+{}_5C_2)+\cdots+{}_{10}C_2\\&\qquad\vdots\\&={}_{10}C_3+{}_{10}C_2={}_{11}C_3\\&=\frac{11\times10\times9}{3\times2\times1}=165\end{aligned}$$

09

구하는 경우의 수는 먼저 한 명의 학생에게 3가지 색의 카드를 각각 한 장씩 나누어 주고 남은 빨간색 카드 3장, 파란색 카드 1장을 세 명의 학생에게 남김없이 나누어 주는 경우의 수와 같다.

3가지 색의 카드를 각각 한 장씩 받는 한 명의 학생을 정하는 경우의 수는

$${}_3C_1=3$$

빨간색 카드 3장을 세 명의 학생에게 나누어 주는 경우의 수는

$${}_3H_3={}_{3+3-1}C_3={}_5C_3={}_5C_2=\frac{5\times4}{2\times1}=10$$

파란색 카드 1장을 세 명의 학생에게 나누어 주는 경우의 수는

$${}_3C_1=3$$

따라서 구하는 경우의 수는

$$3\times10\times3=90$$

10

$(x+2)^n$의 전개식의 일반항은

$${}_nC_r\,x^{n-r}2^r={}_nC_r\,2^r x^{n-r}$$

x^2의 계수는

$x^2=x^{n-r}$에서 $2=n-r$, 즉 $r=n-2$이므로

$${}_nC_{n-2}\times2^{n-2}={}_nC_2\,2^{n-2}$$

x^3의 계수는

$x^3=x^{n-r}$에서 $3=n-r$, 즉 $r=n-3$이므로

$_nC_{n-3} \times 2^{n-3} = {}_nC_3 2^{n-3}$

이때 x^2의 계수와 x^3의 계수가 같으므로

$_nC_2 2^{n-2} = {}_nC_3 2^{n-3}$

$\dfrac{n(n-1)}{2 \times 1} \times 2 = \dfrac{n(n-1)(n-2)}{3 \times 2 \times 1}$

$6 = n - 2 \ (\because n \geq 3)$

$\therefore n = 8$

개념으로 단원 마무리

• 본문 28쪽

1 답 (1) 중복조합, $_nH_r$ (2) $n+r-1$ (3) 2, $n-2$

   (4) 이항계수, $_nC_r a^{n-r}b^r$ (5) 파스칼의 삼각형

2 답 (1) ○ (2) × (3) ○ (4) × (5) ○ (6) × (7) ○

(2) $_2H_4 = {}_{2+4-1}C_4 = {}_5C_4 = {}_5C_1 = 5$

(4) 구하는 함수 f의 개수는 집합 Y의 6개의 원소 1, 2, 3, 4, 5, 6 중에서 중복을 허용하여 3개를 택한 후 크기가 작거나 같은 수부터 차례대로 집합 X의 원소 1, 2, 3에 대응시키면 되므로 $_6H_3$이다.

(6) $_{20}C_0 + {}_{20}C_1 + {}_{20}C_2 + {}_{20}C_3 + \cdots + {}_{20}C_{20} = 2^{20}$

$\therefore {}_{20}C_1 + {}_{20}C_2 + {}_{20}C_3 + \cdots + {}_{20}C_{20} = 2^{20} - {}_{20}C_0$

$= 2^{20} - 1$

---

03 확률의 개념과 활용

교과서 개념 확인하기

본문 31쪽

1 답 (1) {1, 2, 3, 4, 5, 6} (2) {2, 4, 6}

(1) 각 면의 주사위의 눈이 1, 2, 3, 4, 5, 6이므로 표본공간은

   {1, 2, 3, 4, 5, 6}

(2) 1부터 6까지의 자연수 중 짝수는 2, 4, 6이므로 짝수의 눈이 나오는 사건은

   {2, 4, 6}

2 답 (1) {1, 2, 3, 4} (2) {4} (3) {1, 3, 5, 6} (4) A와 C

(1) $A \cup B = \{1, 2, 3\} \cup \{2, 4\}$

    $= \{1, 2, 3, 4\}$

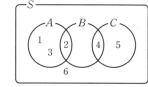

(2) $B \cap C = \{2, 4\} \cap \{4, 5\}$

    $= \{4\}$

(3) $B^C = \{2, 4\}^C$

    $= \{1, 3, 5, 6\}$

(4) $A \cap B = \{1, 2, 3\} \cap \{2, 4\} = \{2\}$

    $B \cap C = \{2, 4\} \cap \{4, 5\} = \{4\}$

    $A \cap C = \{1, 2, 3\} \cap \{4, 5\} = \varnothing$

    따라서 A와 C가 서로 배반사건이다.

참고 표본공간을 벤 다이어그램으로 나타내면 조건을 만족시키는 사건을 쉽게 구할 수 있다.

3 답 $\dfrac{2}{5}$

표본공간을 S라 하면

$S = \{1, 2, 3, \cdots, 10\}$ $\therefore n(S) = 10$

10장의 카드 중에서 한 장을 뽑을 때, 뽑은 카드에 적힌 수가 소수인 사건을 A라 하면

$A = \{2, 3, 5, 7\}$ $\therefore n(A) = 4$

따라서 구하는 확률은

$P(A) = \dfrac{n(A)}{n(S)} = \dfrac{4}{10} = \dfrac{2}{5}$

4 답 $\dfrac{3}{5}$

$\dfrac{240}{400} = \dfrac{3}{5}$

5 답 $\dfrac{2}{3}$

표본공간을 S라 하면

$S = \{1, 2, 3, 4, 5, 6\}$ $\therefore n(S) = 6$

한 개의 주사위를 던졌을 때 나온 눈의 수가 3의 배수인 사건을 A, 홀수인 사건을 B라 하면

$A = \{3, 6\}, B = \{1, 3, 5\}, A \cap B = \{3\}$이므로

$n(A) = 2, n(B) = 3, n(A \cap B) = 1$

$\therefore P(A) = \dfrac{n(A)}{n(S)} = \dfrac{2}{6} = \dfrac{1}{3}, P(B) = \dfrac{n(B)}{n(S)} = \dfrac{3}{6} = \dfrac{1}{2},$

$P(A \cap B) = \dfrac{n(A \cap B)}{n(S)} = \dfrac{1}{6}$

따라서 구하는 확률은
$$P(A \cup B) = P(A) + P(B) - P(A \cap B)$$
$$= \frac{1}{3} + \frac{1}{2} - \frac{1}{6} = \frac{2}{3}$$

다른 풀이

$A \cup B = \{1, 3, 5, 6\}$
$\therefore n(A \cup B) = 4$
따라서 구하는 확률은
$$P(A \cup B) = \frac{n(A \cup B)}{n(S)} = \frac{4}{6} = \frac{2}{3}$$

6 답 $\dfrac{7}{10}$

$n(S) = 10$, $n(A) = 3$이므로
$$P(A) = \frac{n(A)}{n(S)} = \frac{3}{10}$$
$$\therefore P(A^C) = 1 - P(A) = 1 - \frac{3}{10} = \frac{7}{10}$$

교과서 예제로 개념 익히기 · 본문 32~37쪽

필수 예제 1 답 (1) {2, 3, 4, 5, 6} (2) {2} (3) {1, 4, 6}

표본공간을 S라 하면
$S = \{1, 2, 3, 4, 5, 6\}$
$A = \{2, 3, 5\}$
$B = \{2, 4, 6\}$

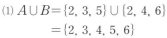

(1) $A \cup B = \{2, 3, 5\} \cup \{2, 4, 6\}$
$\qquad = \{2, 3, 4, 5, 6\}$
(2) $A \cap B = \{2, 3, 5\} \cap \{2, 4, 6\}$
$\qquad = \{2\}$
(3) $A^C = \{2, 3, 5\}^C = \{1, 4, 6\}$

1-1 답 (1) {1, 3, 5, 6, 7, 9} (2) {3, 9}
$\qquad$ (3) {1, 2, 4, 5, 7, 8, 10}

표본공간을 S라 하면
$S = \{1, 2, 3, \cdots, 10\}$
$A = \{1, 3, 5, 7, 9\}$
$B = \{3, 6, 9\}$

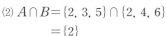

(1) $A \cup B = \{1, 3, 5, 7, 9\} \cup \{3, 6, 9\}$
$\qquad = \{1, 3, 5, 6, 7, 9\}$
(2) $A \cap B = \{1, 3, 5, 7, 9\} \cap \{3, 6, 9\}$
$\qquad = \{3, 9\}$
(3) $B^C = \{3, 6, 9\}^C = \{1, 2, 4, 5, 7, 8, 10\}$

1-2 답 {2, 4}

표본공간을 S라 하면
$S = \{1, 2, 3, 4, 5, 6\}$,
$A = \{1, 3, 5\}$,
$B = \{3, 6\}$
이므로

$A \cup B = \{1, 3, 5\} \cup \{3, 6\}$
$\qquad = \{1, 3, 5, 6\}$

따라서 사건 $A \cup B$의 여사건은
$(A \cup B)^C = \{1, 3, 5, 6\}^C = \{2, 4\}$

다른 풀이

드모르간의 법칙에 의하여
$(A \cup B)^C = A^C \cap B^C$
$\qquad = \{1, 3, 5\}^C \cap \{3, 6\}^C$
$\qquad = \{2, 4, 6\} \cap \{1, 2, 4, 5\}$
$\qquad = \{2, 4\}$

플러스 강의

드모르간의 법칙

전체집합 U의 두 부분집합 A, B에 대하여
(1) $(A \cup B)^C = A^C \cap B^C$
(2) $(A \cap B)^C = A^C \cup B^C$

1-3 답 ③

표본공간을 S라 하면
$S = \{11, 12, 13, \cdots, 20\}$,
$A = \{12, 14, 16, 18, 20\}$,
$B = \{11, 13, 17, 19\}$,
$C = \{15, 20\}$
이므로

$A \cap B = \{12, 14, 16, 18, 20\} \cap \{11, 13, 17, 19\}$
$\qquad = \varnothing$
$A \cap C = \{12, 14, 16, 18, 20\} \cap \{15, 20\}$
$\qquad = \{20\}$
$B \cap C = \{11, 13, 17, 19\} \cap \{15, 20\}$
$\qquad = \varnothing$

따라서 서로 배반사건인 것은 A와 B, B와 C이므로 ㄱ, ㄷ이다.

필수 예제 2 답 $\dfrac{1}{12}$

서로 다른 두 개의 주사위를 동시에 던질 때 나오는 모든 경우의 수는
$6 \times 6 = 36$
두 주사위의 나오는 두 눈의 수의 합이 10이 되는 경우는
$(4, 6)$, $(5, 5)$, $(6, 4)$의 3가지
따라서 구하는 확률은
$$\frac{3}{36} = \frac{1}{12}$$

2-1 답 $\dfrac{2}{9}$

서로 다른 두 개의 주사위를 동시에 던질 때 나오는 모든 경우의 수는
$6 \times 6 = 36$
두 주사위의 나오는 두 눈의 수의 차가 2가 되는 경우는
$(1, 3)$, $(2, 4)$, $(3, 1)$, $(3, 5)$, $(4, 2)$, $(4, 6)$, $(5, 3)$, $(6, 4)$
의 8가지
따라서 구하는 확률은
$$\frac{8}{36} = \frac{2}{9}$$

2-2 답 $\dfrac{2}{5}$

두 수 a, b를 순서쌍 (a, b)로 나타내면
모든 순서쌍 (a, b)의 개수는
$5 \times 4 = 20$
$a \times b \geq 28$을 만족시키는 순서쌍 (a, b)의 개수는
$(5, 6)$, $(5, 8)$, $(7, 4)$, $(7, 6)$, $(7, 8)$, $(9, 4)$, $(9, 6)$, $(9, 8)$
의 8개
따라서 구하는 확률은
$\dfrac{8}{20} = \dfrac{2}{5}$

2-3 답 $\dfrac{1}{4}$

한 개의 주사위를 두 번 던질 때 나오는 모든 경우의 수는
$6 \times 6 = 36$
두 눈의 수의 합이 4의 배수인 경우는
(i) 두 눈의 수의 합이 4인 경우
　　$(1, 3)$, $(2, 2)$, $(3, 1)$의 3가지
(ii) 두 눈의 수의 합이 8인 경우
　　$(2, 6)$, $(3, 5)$, $(4, 4)$, $(5, 3)$, $(6, 2)$의 5가지
(iii) 두 눈의 수의 합이 12인 경우
　　$(6, 6)$의 1가지
(i), (ii), (iii)에서 $3 + 5 + 1 = 9$
따라서 구하는 확률은
$\dfrac{9}{36} = \dfrac{1}{4}$

필수 예제 3 답 $\dfrac{2}{5}$

5명을 일렬로 세우는 경우의 수는
$5! = 5 \times 4 \times 3 \times 2 \times 1 = 120$
이때 A, B가 서로 이웃하는 경우의 수를 구해 보자.
A, B를 한 사람으로 생각하여 총 4명을 일렬로 세우는 경우의
수는
$4! = 4 \times 3 \times 2 \times 1 = 24$
A, B가 서로 자리를 바꾸는 경우의 수는
$2! = 2 \times 1 = 2$
즉, 5명을 일렬로 세울 때, A, B가 서로 이웃하는 경우의 수는
$24 \times 2 = 48$
따라서 구하는 확률은
$\dfrac{48}{120} = \dfrac{2}{5}$

3-1 답 $\dfrac{1}{5}$

1학년 학생 3명과 2학년 학생 3명의 총 6명을 일렬로 세우는
경우의 수는
$6! = 6 \times 5 \times 4 \times 3 \times 2 \times 1 = 720$
이때 양 끝에 2학년 학생이 서는 경우의 수를 구해 보자.
2학년 학생 3명 중 2명을 택하여 양 끝에 세우는 경우의 수는
$_3P_2 = 3 \times 2 = 6$
양 끝에 서는 2학년 학생 2명을 제외한 나머지 4명의 학생을 일
렬로 세우는 경우의 수는
$4! = 4 \times 3 \times 2 \times 1 = 24$

즉, 6명을 일렬로 세울 때, 양 끝에 2학년 학생이 서는 경우의
수는
$6 \times 24 = 144$
따라서 구하는 확률은
$\dfrac{144}{720} = \dfrac{1}{5}$

3-2 답 $\dfrac{9}{16}$

4개의 숫자 1, 2, 3, 4 중에서 중복을 허용하여 2개를 뽑아 만
들 수 있는 두 자리의 자연수의 개수는
$_4\Pi_2 = 4^2 = 16$
3이 포함되지 않는 두 자리의 자연수의 개수는 3개의 숫자 1,
2, 4 중에서 중복을 허용하여 2개를 뽑아 만들 수 있는 두 자리
의 자연수의 개수와 같으므로
$_3\Pi_2 = 3^2 = 9$
따라서 구하는 확률은 $\dfrac{9}{16}$이다.

필수 예제 4 답 $\dfrac{15}{28}$

사과 3개, 배 6개의 총 9개의 과일이 들어 있는 바구니에서 3개의
과일을 동시에 꺼내는 경우의 수는
$_9C_3 = \dfrac{9 \times 8 \times 7}{3 \times 2 \times 1} = 84$
사과 3개, 배 6개 중에서 사과 1개, 배 2개를 꺼내는 경우의 수는
$_3C_1 \times _6C_2 = 3 \times \dfrac{6 \times 5}{2 \times 1} = 45$
따라서 구하는 확률은
$\dfrac{45}{84} = \dfrac{15}{28}$

4-1 답 $\dfrac{2}{15}$

10명의 학생 중에서 4명의 대표를 뽑는 경우의 수는
$_{10}C_4 = \dfrac{10 \times 9 \times 8 \times 7}{4 \times 3 \times 2 \times 1} = 210$
두 학생 A, B를 포함하여 4명의 대표를 뽑는 경우의 수는 두
학생 A, B를 제외한 나머지 8명의 학생 중에서 2명의 학생을
뽑는 경우의 수와 같으므로
$_8C_2 = \dfrac{8 \times 7}{2 \times 1} = 28$
따라서 구하는 확률은
$\dfrac{28}{210} = \dfrac{2}{15}$

4-2 답 $\dfrac{2}{15}$

방정식 $x + y + z = 8$을 만족시키는 음이 아닌 정수 x, y, z의
순서쌍 (x, y, z)의 개수는
$_3H_8 = {}_{3+8-1}C_8 = {}_{10}C_8 = {}_{10}C_2 = \dfrac{10 \times 9}{2 \times 1} = 45$
이때 $y = 3$인 순서쌍 (x, y, z)의 개수는
$x + y + z = 8$에서 $x + 3 + z = 8$, 즉 $x + z = 5$를 만족시키는 음
이 아닌 정수 x, z의 순서쌍 (x, z)의 개수와 같으므로
$_2H_5 = {}_{2+5-1}C_5 = {}_6C_5 = {}_6C_1 = 6$

따라서 구하는 확률은

$$\frac{6}{45} = \frac{2}{15}$$

필수 예제 5 目 (1) $\dfrac{33}{50}$ (2) $\dfrac{8}{25}$

(1) 임의로 한 장의 카드를 뽑을 때, 카드에 적힌 수가 짝수인 사건을 A, 3의 배수인 사건을 B라 하면

$A = \{2, 4, 6, \cdots, 50\}$, $B = \{3, 6, 9, \cdots, 48\}$,

$A \cap B = \{\underline{6, 12, 18, \cdots, 48}\}$ → 6의 배수

즉, $n(A) = 25$, $n(B) = 16$, $n(A \cap B) = 8$이므로

$$P(A) = \frac{25}{50} = \frac{1}{2}, \quad P(B) = \frac{16}{50} = \frac{8}{25}$$

$$P(A \cap B) = \frac{8}{50} = \frac{4}{25}$$

따라서 구하는 확률은

$$P(A \cup B) = P(A) + P(B) - P(A \cap B)$$
$$= \frac{1}{2} + \frac{8}{25} - \frac{4}{25} = \frac{33}{50}$$

(2) 임의로 한 장의 카드를 뽑을 때, 카드에 적힌 수가 5의 배수인 사건을 A, 12의 약수인 사건을 B라 하면

$A = \{5, 10, 15, \cdots, 50\}$, $B = \{1, 2, 3, 4, 6, 12\}$

즉, $n(A) = 10$, $n(B) = 6$이고, $A \cap B = \varnothing$이므로 두 사건 A, B는 서로 배반사건이다.

$$\therefore P(A) = \frac{10}{50} = \frac{1}{5}, \quad P(B) = \frac{6}{50} = \frac{3}{25}$$

따라서 구하는 확률은

$$P(A \cup B) = P(A) + P(B) = \frac{1}{5} + \frac{3}{25} = \frac{8}{25}$$

5-1 目 (1) $\dfrac{1}{3}$ (2) $\dfrac{7}{36}$

서로 다른 두 개의 주사위를 동시에 던질 때 나오는 모든 경우의 수는

$6 \times 6 = 36$

(1) 서로 다른 두 개의 주사위를 동시에 던질 때, 나오는 두 눈의 수가 같은 사건을 A, 두 눈의 수의 곱이 홀수인 사건을 B라 하면

$A = \{(1, 1), (2, 2), (3, 3), (4, 4), (5, 5), (6, 6)\}$

$B = \{(1, 1), (1, 3), (1, 5), (3, 1), (3, 3), (3, 5),$
$\qquad\qquad\qquad\qquad\qquad (5, 1), (5, 3), (5, 5)\}$

$A \cap B = \{(1, 1), (3, 3), (5, 5)\}$

즉, $n(A) = 6$, $n(B) = 9$, $n(A \cap B) = 3$이므로

$$P(A) = \frac{6}{36} = \frac{1}{6}, \quad P(B) = \frac{9}{36} = \frac{1}{4},$$

$$P(A \cap B) = \frac{3}{36} = \frac{1}{12}$$

따라서 구하는 확률은

$$P(A \cup B) = P(A) + P(B) - P(A \cap B)$$
$$= \frac{1}{6} + \frac{1}{4} - \frac{1}{12} = \frac{1}{3}$$

(2) 서로 다른 두 개의 주사위를 동시에 던질 때, 나오는 두 눈의 수의 합이 4인 사건을 A, 차가 4인 사건을 B라 하면

$A = \{(1, 3), (2, 2), (3, 1)\}$

$B = \{(1, 5), (2, 6), (5, 1), (6, 2)\}$

즉, $n(A) = 3$, $n(B) = 4$이고, $A \cap B = \varnothing$이므로 두 사건 A, B는 서로 배반사건이다.

$$\therefore P(A) = \frac{3}{36} = \frac{1}{12}, \quad P(B) = \frac{4}{36} = \frac{1}{9}$$

따라서 구하는 확률은

$$P(A \cup B) = P(A) + P(B)$$
$$= \frac{1}{12} + \frac{1}{9} = \frac{7}{36}$$

5-2 目 $\dfrac{9}{20}$

60가구 중에서 임의로 한 가구를 선택하였을 때, 그 가구가 사과를 재배하는 가구인 사건을 A, 배를 재배하는 가구인 사건을 B라 하면

$n(A) = 20$, $n(B) = 15$, $n(A \cap B) = 8$

$$\therefore P(A) = \frac{20}{60} = \frac{1}{3}, \quad P(B) = \frac{15}{60} = \frac{1}{4},$$

$$P(A \cap B) = \frac{8}{60} = \frac{2}{15}$$

따라서 구하는 확률은

$$P(A \cup B) = P(A) + P(B) - P(A \cap B)$$
$$= \frac{1}{3} + \frac{1}{4} - \frac{2}{15} = \frac{9}{20}$$

5-3 目 $\dfrac{11}{56}$

빨간 구슬 5개, 파란 구슬 3개가 들어 있는 주머니에서 임의로 3개의 구슬을 동시에 꺼낼 때, 모두 빨간 구슬을 꺼내는 사건을 A, 모두 파란 구슬을 꺼내는 사건을 B라 하면 $A \cap B = \varnothing$이므로 두 사건 A, B는 서로 배반사건이다.

총 8개의 구슬이 들어 있는 주머니에서 3개의 구슬을 꺼내는 경우의 수는

$$_8C_3 = \frac{8 \times 7 \times 6}{3 \times 2 \times 1} = 56$$

사건 A가 일어나는 경우의 수는

$$_5C_3 = {}_5C_2 = \frac{5 \times 4}{2 \times 1} = 10$$

사건 B가 일어나는 경우의 수는

$$_3C_3 = 1$$

$$\therefore P(A) = \frac{10}{56} = \frac{5}{28}, \quad P(B) = \frac{1}{56}$$

따라서 구하는 확률은

$$P(A \cup B) = P(A) + P(B)$$
$$= \frac{5}{28} + \frac{1}{56} = \frac{11}{56}$$

필수 예제 6 目 $\dfrac{1}{5}$

$$P(B) = 1 - P(B^c) = 1 - \frac{3}{5} = \frac{2}{5}$$

따라서 $P(A \cup B) = P(A) + P(B) - P(A \cap B)$에서

$$\frac{7}{10} = \frac{1}{2} + \frac{2}{5} - P(A \cap B)$$

$$\therefore P(A \cap B) = \frac{1}{5}$$

6-1 目 $\dfrac{5}{6}$

$P(A \cup B) = P(A) + P(B) - P(A \cap B)$에서

$$\frac{5}{12} = \frac{1}{4} + \frac{1}{3} - P(A \cap B)$$

$$\therefore \mathrm{P}(A \cap B) = \frac{1}{6}$$

$$\therefore \mathrm{P}(A^C \cup B^C) = \mathrm{P}((A \cap B)^C)$$
$$= 1 - \mathrm{P}(A \cap B)$$
$$= 1 - \frac{1}{6} = \frac{5}{6}$$

6-2 답 $\frac{5}{9}$

두 사건 A, B가 서로 배반사건이므로
$$A \cap B = \varnothing$$
따라서 $\mathrm{P}(A \cup B) = \mathrm{P}(A) + \mathrm{P}(B)$에서
$$\frac{2}{3} = \frac{2}{9} + \mathrm{P}(B)$$
$$\therefore \mathrm{P}(B) = \frac{4}{9}$$
$$\therefore \mathrm{P}(B^C) = 1 - \mathrm{P}(B) = 1 - \frac{4}{9} = \frac{5}{9}$$

6-3 답 $\frac{5}{12}$

$\mathrm{P}(A^C \cap B) = \mathrm{P}(B) - \mathrm{P}(A \cap B) = \frac{1}{4}$이므로
$$\mathrm{P}(A \cup B) = \mathrm{P}(A) + \mathrm{P}(B) - \mathrm{P}(A \cap B)$$
$$= \frac{1}{3} + \frac{1}{4} = \frac{7}{12}$$
$$\therefore \mathrm{P}(A^C \cap B^C) = \mathrm{P}((A \cup B)^C)$$
$$= 1 - \mathrm{P}(A \cup B)$$
$$= 1 - \frac{7}{12} = \frac{5}{12}$$

필수 예제 7 답 $\frac{37}{42}$

초콜릿 4개, 쿠키 5개가 들어 있는 상자에서 임의로 3개를 동시에 꺼낼 때, 적어도 한 개의 초콜릿을 꺼내는 사건을 A라 하면 A^C은 초콜릿을 한 개도 꺼내지 않는 사건, 즉 쿠키만 3개를 꺼내는 사건이다.
9개의 간식이 들어 있는 상자에서 3개를 동시에 꺼내는 경우의 수는
$$_9\mathrm{C}_3 = \frac{9 \times 8 \times 7}{3 \times 2 \times 1} = 84$$
사건 A^C이 일어나는 경우의 수는
$$_5\mathrm{C}_3 = {}_5\mathrm{C}_2 = \frac{5 \times 4}{2 \times 1} = 10$$
$$\therefore \mathrm{P}(A^C) = \frac{10}{84} = \frac{5}{42}$$
따라서 구하는 확률은
$$\mathrm{P}(A) = 1 - \mathrm{P}(A^C) = 1 - \frac{5}{42} = \frac{37}{42}$$

7-1 답 $\frac{2}{3}$

4개의 불량품이 포함된 10개의 제품 중에서 임의로 2개의 제품을 동시에 택할 때, 적어도 한 개가 불량품인 사건을 A라 하면 A^C은 불량품을 하나도 택하지 않는 사건, 즉 불량품이 아닌 2개의 제품을 택하는 사건이다.
10개의 제품 중에서 2개의 제품을 동시에 택하는 경우의 수는
$$_{10}\mathrm{C}_2 = \frac{10 \times 9}{2 \times 1} = 45$$

사건 A^C이 일어나는 경우의 수는
$$_6\mathrm{C}_2 = \frac{6 \times 5}{2 \times 1} = 15$$
$$\therefore \mathrm{P}(A^C) = \frac{15}{45} = \frac{1}{3}$$
따라서 구하는 확률은
$$\mathrm{P}(A) = 1 - \mathrm{P}(A^C) = 1 - \frac{1}{3} = \frac{2}{3}$$

7-2 답 $\frac{3}{4}$

서로 다른 두 개의 주사위를 동시에 던질 때, 나오는 두 눈의 수의 곱이 짝수인 사건을 A라 하면 A^C은 나오는 두 눈의 수의 곱이 홀수인 사건이다.
서로 다른 두 개의 주사위를 동시에 던질 때 나오는 모든 경우의 수는
$$6 \times 6 = 36$$
사건 A^C이 일어나는 경우는 (홀수)×(홀수)=(홀수)이므로
이 경우의 수는
$$_3\mathrm{C}_1 \times {}_3\mathrm{C}_1 = 3 \times 3 = 9$$
$$\therefore \mathrm{P}(A^C) = \frac{9}{36} = \frac{1}{4}$$
따라서 구하는 확률은
$$\mathrm{P}(A) = 1 - \mathrm{P}(A^C) = 1 - \frac{1}{4} = \frac{3}{4}$$

7-3 답 $\frac{2}{3}$

6명의 학생 A, B, C, D, E, F를 일렬로 세울 때, E와 F가 서로 이웃하지 않는 사건을 A라 하면 A^C은 E와 F가 서로 이웃하는 사건이다.
6명의 학생을 일렬로 세우는 경우의 수는
$$6! = 6 \times 5 \times 4 \times 3 \times 2 \times 1 = 720$$
사건 A^C이 일어나는 경우의 수를 구해 보자.
두 명의 학생 E, F를 한 명의 학생으로 생각하여 5명의 학생을 일렬로 세우는 경우의 수는
$$5! = 5 \times 4 \times 3 \times 2 \times 1 = 120$$
E, F가 서로 자리를 바꾸는 경우의 수는
$$2! = 2 \times 1 = 2$$
즉, 사건 A^C이 일어나는 경우의 수는
$$120 \times 2 = 240$$
$$\therefore \mathrm{P}(A^C) = \frac{240}{720} = \frac{1}{3}$$
따라서 구하는 확률은
$$\mathrm{P}(A) = 1 - \mathrm{P}(A^C) = 1 - \frac{1}{3} = \frac{2}{3}$$

실전 문제로 단원 마무리   • 본문 38~39쪽

01 ③	**02** ②	**03** ④	**04** $\frac{2}{3}$
05 ⑤	**06** $\frac{6}{7}$	**07** ④	**08** $\frac{5}{6}$
09 ④	**10** ③		

01

표본공간을 S라 하면

$S=\{1,\ 2,\ 3,\ 4,\ 5,\ 6,\ 7\}$

$A=\{1,\ 2,\ 3,\ 6\}$

이때 사건 A와 서로 배반인 사건을 B라 하면 $A \cap B = \varnothing$이어야 하므로 사건 B에는 사건 A의 원소가 속하지 않아야 한다.

따라서 사건 B의 개수는

$2^{7-4}=2^3=8$

참고 $A \cap B = \varnothing$인 사건 B를 모두 구하면

$\varnothing,\ \{4\},\ \{5\},\ \{7\},\ \{4,\ 5\},\ \{4,\ 7\},\ \{5,\ 7\},\ \{4,\ 5,\ 7\}$

 플러스 강의

부분집합의 개수

집합 $A=\{a_1,\ a_2,\ a_3,\ \cdots,\ a_n\}$에 대하여

(1) 집합 A의 부분집합의 개수: 2^n

(2) 집합 A의 진부분집합의 개수: 2^n-1

(3) 집합 A의 부분집합 중 $k(k<n)$개의 특정한 원소를 반드시 갖는
(또는 갖지 않는) 부분집합의 개수: 2^{n-k}

02

$a,\ b,\ c$를 순서쌍 $(a,\ b,\ c)$로 나타내면

모든 순서쌍 $(a,\ b,\ c)$의 개수는

$6 \times 6 \times 6 = 216$

$|a-1|+|b-2|+|c-3|=2$를 만족시키려면

$|a-1|,\ |b-2|,\ |c-3|$의 값이

$2,\ 0,\ 0$ 또는 $1,\ 1,\ 0$

이어야 한다.

(i) $2,\ 0,\ 0$인 순서쌍 $(a,\ b,\ c)$의 개수

  $(3,\ 2,\ 3),\ (1,\ 4,\ 3),\ (1,\ 2,\ 1),\ (1,\ 2,\ 5)$의 4개

(ii) $1,\ 1,\ 0$인 순서쌍 $(a,\ b,\ c)$의 개수

  $(2,\ 1,\ 3),\ (2,\ 3,\ 3),\ (2,\ 2,\ 2),\ (2,\ 2,\ 4),\ (1,\ 1,\ 2),$
  $(1,\ 1,\ 4),\ (1,\ 3,\ 2),\ (1,\ 3,\ 4)$의 8개

(i), (ii)에서 $|a-1|+|b-2|+|c-3|=2$를 만족시키는 순서쌍 $(a,\ b,\ c)$의 개수는

$4+8=12$

따라서 구하는 확률은

$\dfrac{12}{216}=\dfrac{1}{18}$

03

6개의 문자 $a,\ b,\ c,\ d,\ e,\ f$를 일렬로 나열하는 경우의 수는

$6!=6 \times 5 \times 4 \times 3 \times 2 \times 1=720$

이때 c가 $a,\ b$보다 앞에 오는 경우는 $a,\ b,\ c$의 순서가 정해져 있으므로 $a,\ b,\ c$를 모두 X로 생각하여 6개의 문자 X, X, X, $d,\ e,\ f$를 일렬로 나열한 후 첫 번째 X는 c로 바꾸고, 두 번째, 세 번째 X는 $a,\ b$ 또는 $b,\ a$로 바꾸면 된다.

즉, 이 경우의 수는

$\dfrac{6!}{3!} \times 2 = \dfrac{6 \times 5 \times 4 \times 3 \times 2 \times 1}{3 \times 2 \times 1} \times 2 = 240$

따라서 구하는 확률은

$\dfrac{240}{720}=\dfrac{1}{3}$

04

모든 함수 f의 개수는

$_3\Pi_3=3^3=27$

이때 $f(1) \le f(2)$를 만족시키는 함수의 개수를 구해 보자.

$f(1),\ f(2)$의 값을 정하는 경우의 수는

$_3H_2={}_{3+2-1}C_2={}_4C_2=\dfrac{4 \times 3}{2 \times 1}=6$

$f(3)$의 값을 정하는 경우의 수는

$_3C_1=3$

즉, $f(1) \le f(2)$를 만족시키는 함수 f의 개수는

$6 \times 3 = 18$

따라서 구하는 확률은

$\dfrac{18}{27}=\dfrac{2}{3}$

05

예나와 준서를 포함한 학생 7명을 임의로 일렬로 세울 때, 예나가 맨 앞에 서는 사건을 A, 준서가 맨 뒤에 서는 사건을 B라 하자.

총 7명의 학생을 일렬로 세우는 경우의 수는

$7!$

사건 A가 일어나는 경우의 수는

$6!$

사건 B가 일어나는 경우의 수는

$6!$

사건 $A \cap B$가 일어나는 경우의 수는

$5!$

$\therefore \mathrm{P}(A)=\dfrac{6!}{7!}=\dfrac{1}{7},\ \mathrm{P}(B)=\dfrac{6!}{7!}=\dfrac{1}{7},$

$\quad \mathrm{P}(A \cap B)=\dfrac{5!}{7!}=\dfrac{1}{42}$

따라서 구하는 확률은

$\mathrm{P}(A \cup B)=\mathrm{P}(A)+\mathrm{P}(B)-\mathrm{P}(A \cap B)$

$\qquad\qquad =\dfrac{1}{7}+\dfrac{1}{7}-\dfrac{1}{42}=\dfrac{11}{42}$

06

빨간 색연필 4자루, 파란 색연필 3자루가 들어 있는 필통에서 임의로 3자루의 색연필을 동시에 꺼낼 때, 두 가지 색의 색연필을 모두 꺼내려면 빨간 색연필 2자루, 파란 색연필 1자루 또는 빨간 색연필 1자루, 파란 색연필 2자루를 꺼내야 한다.

빨간 색연필 2자루, 파란 색연필 1자루를 꺼내는 사건을 A, 빨간 색연필 1자루, 파란 색연필 2자루를 꺼내는 사건을 B라 하면 $A \cap B = \varnothing$이므로 두 사건 A, B는 서로 배반사건이다.

총 7자루가 들어 있는 필통에서 임의로 3자루의 색연필을 꺼내는 경우의 수는

$_7C_3=\dfrac{7 \times 6 \times 5}{3 \times 2 \times 1}=35$

사건 A가 일어나는 경우의 수는

$_4C_2 \times {}_3C_1=\dfrac{4 \times 3}{2 \times 1} \times 3=18$

사건 B가 일어나는 경우의 수는

$_4C_1 \times {}_3C_2={}_4C_1 \times {}_3C_1=4 \times 3=12$

$\therefore \mathrm{P}(A)=\dfrac{18}{35},\ \mathrm{P}(B)=\dfrac{12}{35}$

따라서 구하는 확률은
$$P(A \cup B) = P(A) + P(B)$$
$$= \frac{18}{35} + \frac{12}{35} = \frac{6}{7}$$

07

$$P(A) = 1 - P(A^C) = 1 - \frac{3}{4} = \frac{1}{4}$$
$P(A) = P(A \cap B^C) + P(A \cap B)$에서
$$\frac{1}{4} = \frac{1}{6} + P(A \cap B)$$
$$\therefore P(A \cap B) = \frac{1}{12}$$
$$\therefore P(A \cup B) = P(A) + P(B) - P(A \cap B)$$
$$= \frac{1}{4} + \frac{7}{12} - \frac{1}{12} = \frac{3}{4}$$

08

1학년 학생 4명과 2학년 학생 5명 중에서 임의로 4명의 학생을 뽑을 때, 2학년 학생을 적어도 2명 이상 뽑는 사건을 A라 하면 A^C은 2학년 학생을 2명 미만 뽑는 사건, 즉 2학년 학생을 1명 뽑거나 뽑지 않는 사건이다.
9명의 학생 중에서 4명의 학생을 뽑는 경우의 수는
$${}_9C_4 = \frac{9 \times 8 \times 7 \times 6}{4 \times 3 \times 2 \times 1} = 126$$
사건 A^C이 일어나는 경우의 수는
(i) 2학년 학생을 1명 뽑는 경우
　　1학년 학생을 3명, 2학년 학생을 1명 뽑는 경우이므로 이 경우의 수는
　　$${}_4C_3 \times {}_5C_1 = {}_4C_1 \times {}_5C_1 = 4 \times 5 = 20$$
(ii) 2학년 학생을 뽑지 않는 경우
　　1학년 학생을 4명, 2학년 학생을 0명 뽑는 경우이므로 이 경우의 수는
　　$${}_4C_4 \times {}_5C_0 = 1 \times 1 = 1$$
(i), (ii)에서
$$20 + 1 = 21$$
$$\therefore P(A^C) = \frac{21}{126} = \frac{1}{6}$$
따라서 구하는 확률은
$$P(A) = 1 - P(A^C) = 1 - \frac{1}{6} = \frac{5}{6}$$

09

7개의 구슬이 들어 있는 주머니에서 2개의 구슬을 동시에 꺼내는 경우의 수는
$${}_7C_2 = \frac{7 \times 6}{2 \times 1} = 21$$
꺼낸 구슬에 적힌 두 자연수가 서로소인 경우는
$(2, 3), (2, 5), (2, 7), (3, 4), (3, 5), (3, 7), (3, 8),$
$(4, 5), (4, 7), (5, 6), (5, 7), (5, 8), (6, 7), (7, 8)$
의 14가지
따라서 구하는 확률은
$$\frac{14}{21} = \frac{2}{3}$$

10

1부터 10까지 자연수가 하나씩 적힌 10장의 카드가 들어 있는 주머니에서 임의로 3장의 카드를 동시에 꺼낼 때, 꺼낸 카드에 적힌 세 자연수 중에서 가장 작은 수가 4 이하이거나 7 이상인 사건을 A라 하면 A^C은 가장 작은 수가 5 또는 6인 사건이다.
10장의 카드가 들어 있는 주머니에서 3장의 카드를 동시에 꺼내는 경우의 수는
$${}_{10}C_3 = \frac{10 \times 9 \times 8}{3 \times 2 \times 1} = 120$$
사건 A^C이 일어나는 경우의 수는
(i) 가장 작은 수가 5인 경우의 수
　　6, 7, 8, 9, 10이 하나씩 적힌 카드 중에서 2장을 꺼내는 경우의 수와 같으므로
　　$${}_5C_2 = \frac{5 \times 4}{2 \times 1} = 10$$
(ii) 가장 작은 수가 6인 경우의 수
　　7, 8, 9, 10이 하나씩 적힌 카드 중에서 2장을 꺼내는 경우의 수와 같으므로
　　$${}_4C_2 = \frac{4 \times 3}{2 \times 1} = 6$$
(i), (ii)에서
$$10 + 6 = 16$$
$$\therefore P(A^C) = \frac{16}{120} = \frac{2}{15}$$
따라서 구하는 확률은
$$P(A) = 1 - P(A^C) = 1 - \frac{2}{15} = \frac{13}{15}$$

개념으로 단원 마무리 · 본문 40쪽

1 탑 (1) $\varnothing$, 배반사건　(2) 여사건　(3) $P(A)$　(4) $n(A)$
　(5) $P(A \cap B)$　(6) $P(A)$

2 탑 (1) ○ (2) ○ (3) × (4) ○ (5) × (6) ×
(3) $\dfrac{3}{6} = \dfrac{1}{2}$
(4) $\dfrac{240}{360} = \dfrac{2}{3}$
(5) $P(A \cup B) = P(A) + P(B) - P(A \cap B)$
　　　　　$= \dfrac{1}{2} + \dfrac{1}{2} - P(A \cap B)$
　　　　　$= 1 - P(A \cap B)$
　이때 $P(A \cap B) = 0$이면 $P(A \cup B) = 1$이지만
　$P(A \cap B) \neq 0$이면 $P(A \cup B) \neq 1$이다.
(6) $P(A^C) = 1 - P(A)$에서
　$P(A) + P(A^C) = 1$
　따라서 $P(A) + P(A^C)$은 항상 1이다.

04 조건부확률

본문 43쪽

교과서 개념 확인하기

1 답 (1) $\dfrac{1}{2}$ (2) $\dfrac{2}{3}$

$n(S)=6$, $n(A)=4$, $n(B)=3$

$A \cap B = \{3, 4\}$이므로 $n(A \cap B)=2$

$\therefore \mathrm{P}(A) = \dfrac{n(A)}{n(S)} = \dfrac{4}{6} = \dfrac{2}{3}$,

$\mathrm{P}(B) = \dfrac{n(B)}{n(S)} = \dfrac{3}{6} = \dfrac{1}{2}$,

$\mathrm{P}(A \cap B) = \dfrac{n(A \cap B)}{n(S)} = \dfrac{2}{6} = \dfrac{1}{3}$

(1) $\mathrm{P}(B|A) = \dfrac{\mathrm{P}(A \cap B)}{\mathrm{P}(A)} = \dfrac{\frac{1}{3}}{\frac{2}{3}} = \dfrac{1}{2}$

(2) $\mathrm{P}(A|B) = \dfrac{\mathrm{P}(A \cap B)}{\mathrm{P}(B)} = \dfrac{\frac{1}{3}}{\frac{1}{2}} = \dfrac{2}{3}$

다른 풀이

(1) $\mathrm{P}(B|A) = \dfrac{n(A \cap B)}{n(A)} = \dfrac{2}{4} = \dfrac{1}{2}$

(2) $\mathrm{P}(A|B) = \dfrac{n(A \cap B)}{n(B)} = \dfrac{2}{3}$

2 답 (1) $\dfrac{1}{3}$ (2) $\dfrac{2}{3}$

(1) $\mathrm{P}(A \cap B) = \mathrm{P}(A)\mathrm{P}(B|A)$

$= \dfrac{7}{12} \times \dfrac{4}{7} = \dfrac{1}{3}$

(2) $\mathrm{P}(A \cap B) = \dfrac{1}{3}$ ($\because$ (1))이므로

$\mathrm{P}(A|B) = \dfrac{\mathrm{P}(A \cap B)}{\mathrm{P}(B)} = \dfrac{\frac{1}{3}}{\frac{1}{2}} = \dfrac{2}{3}$

다른 풀이

(2) $\mathrm{P}(A)\mathrm{P}(B|A) = \mathrm{P}(B)\mathrm{P}(A|B)$에서

$\dfrac{7}{12} \times \dfrac{4}{7} = \dfrac{1}{2} \times \mathrm{P}(A|B)$

$\therefore \mathrm{P}(A|B) = \dfrac{2}{3}$

3 답 (1) 독립 (2) 독립 (3) 종속

$n(S)=6$, $n(A)=3$, $n(B)=4$, $n(C)=2$에서

$\mathrm{P}(A) = \dfrac{n(A)}{n(S)} = \dfrac{3}{6} = \dfrac{1}{2}$, $\mathrm{P}(B) = \dfrac{n(B)}{n(S)} = \dfrac{4}{6} = \dfrac{2}{3}$,

$\mathrm{P}(C) = \dfrac{n(C)}{n(S)} = \dfrac{2}{6} = \dfrac{1}{3}$

(1) $A \cap B = \{1, 3\}$, 즉 $n(A \cap B)=2$이므로

$\mathrm{P}(A \cap B) = \dfrac{n(A \cap B)}{n(S)} = \dfrac{2}{6} = \dfrac{1}{3}$

또한,

$\mathrm{P}(A)\mathrm{P}(B) = \dfrac{1}{2} \times \dfrac{2}{3} = \dfrac{1}{3}$

따라서 $\mathrm{P}(A \cap B) = \mathrm{P}(A)\mathrm{P}(B)$이므로 두 사건 A와 B는 서로 독립이다.

(2) $A \cap C = \{3\}$, 즉 $n(A \cap C)=1$이므로

$\mathrm{P}(A \cap C) = \dfrac{n(A \cap C)}{n(S)} = \dfrac{1}{6}$

또한,

$\mathrm{P}(A)\mathrm{P}(C) = \dfrac{1}{2} \times \dfrac{1}{3} = \dfrac{1}{6}$

따라서 $\mathrm{P}(A \cap C) = \mathrm{P}(A)\mathrm{P}(C)$이므로 두 사건 A와 C는 서로 독립이다.

(3) $B \cap C = \{3, 6\}$, 즉 $n(B \cap C)=2$이므로

$\mathrm{P}(B \cap C) = \dfrac{n(B \cap C)}{n(S)} = \dfrac{2}{6} = \dfrac{1}{3}$

또한,

$\mathrm{P}(B)\mathrm{P}(C) = \dfrac{2}{3} \times \dfrac{1}{3} = \dfrac{2}{9}$

따라서 $\mathrm{P}(B \cap C) \neq \mathrm{P}(B)\mathrm{P}(C)$이므로 두 사건 B와 C는 서로 종속이다.

4 답 (1) $\dfrac{1}{12}$ (2) $\dfrac{1}{6}$ (3) $\dfrac{1}{4}$ (4) $\dfrac{1}{2}$

두 사건 A, B가 서로 독립이므로 A^C과 B, A와 B^C, A^C과 B^C도 각각 서로 독립이고

$\mathrm{P}(A^C) = 1 - \mathrm{P}(A)$

$= 1 - \dfrac{1}{3} = \dfrac{2}{3}$

$\mathrm{P}(B^C) = 1 - \mathrm{P}(B)$

$= 1 - \dfrac{1}{4} = \dfrac{3}{4}$

(1) $\mathrm{P}(A \cap B) = \mathrm{P}(A)\mathrm{P}(B)$

$= \dfrac{1}{3} \times \dfrac{1}{4} = \dfrac{1}{12}$

(2) $\mathrm{P}(A^C \cap B) = \mathrm{P}(A^C)\mathrm{P}(B)$

$= \dfrac{2}{3} \times \dfrac{1}{4} = \dfrac{1}{6}$

(3) $\mathrm{P}(A \cap B^C) = \mathrm{P}(A)\mathrm{P}(B^C)$

$= \dfrac{1}{3} \times \dfrac{3}{4} = \dfrac{1}{4}$

(4) $\mathrm{P}(A^C \cap B^C) = \mathrm{P}(A^C)\mathrm{P}(B^C)$

$= \dfrac{2}{3} \times \dfrac{3}{4} = \dfrac{1}{2}$

5 답 (1) $\dfrac{5}{16}$ (2) $\dfrac{3}{32}$

한 개의 동전을 던졌을 때 앞면이 나올 확률은 $\dfrac{1}{2}$이고, 한 개의 동전을 던지는 시행은 독립시행이다.

(1) 앞면이 3번 나와야 하므로

$_6\mathrm{C}_3 \left(\dfrac{1}{2}\right)^3 \left(1-\dfrac{1}{2}\right)^{6-3} = \dfrac{6 \times 5 \times 4}{3 \times 2 \times 1} \times \left(\dfrac{1}{2}\right)^6 = \dfrac{5}{16}$

(2) 앞면이 5번 나와야 하므로

$_6\mathrm{C}_5 \left(\dfrac{1}{2}\right)^5 \left(1-\dfrac{1}{2}\right)^{6-5} = {_6\mathrm{C}_1} \left(\dfrac{1}{2}\right)^6 = 6 \times \left(\dfrac{1}{2}\right)^6 = \dfrac{3}{32}$

필수 예제 1 답 $\dfrac{1}{8}$

$$\mathrm{P}(B)=1-\mathrm{P}(B^c)=1-\dfrac{1}{3}=\dfrac{2}{3}$$

$\mathrm{P}(B|A)=\dfrac{\mathrm{P}(A\cap B)}{\mathrm{P}(A)}$ 에서

$$\dfrac{1}{3}=\dfrac{\mathrm{P}(A\cap B)}{\dfrac{1}{4}} \qquad \therefore \mathrm{P}(A\cap B)=\dfrac{1}{12}$$

$$\therefore \mathrm{P}(A|B)=\dfrac{\mathrm{P}(A\cap B)}{\mathrm{P}(B)}=\dfrac{\dfrac{1}{12}}{\dfrac{2}{3}}=\dfrac{1}{8}$$

1-1 답 $\dfrac{5}{8}$

$\mathrm{P}(B|A)=\dfrac{\mathrm{P}(A\cap B)}{\mathrm{P}(A)}$ 에서

$$\dfrac{1}{2}=\dfrac{\mathrm{P}(A\cap B)}{\dfrac{1}{2}} \qquad \therefore \mathrm{P}(A\cap B)=\dfrac{1}{4}$$

$\mathrm{P}(A|B)=\dfrac{\mathrm{P}(A\cap B)}{\mathrm{P}(B)}$ 에서

$$\dfrac{2}{5}=\dfrac{\dfrac{1}{4}}{\mathrm{P}(B)} \qquad \therefore \mathrm{P}(B)=\dfrac{5}{8}$$

1-2 답 $\dfrac{5}{6}$

$$\mathrm{P}(A^c)=1-\mathrm{P}(A)=1-\dfrac{1}{3}=\dfrac{2}{3}$$
$$\begin{aligned}\mathrm{P}(A^c\cap B^c)&=\mathrm{P}((A\cup B)^c)\\&=1-\mathrm{P}(A\cup B)\\&=1-\dfrac{4}{9}=\dfrac{5}{9}\end{aligned}$$

$$\therefore \mathrm{P}(B^c|A^c)=\dfrac{\mathrm{P}(A^c\cap B^c)}{\mathrm{P}(A^c)}=\dfrac{\dfrac{5}{9}}{\dfrac{2}{3}}=\dfrac{5}{6}$$

1-3 답 $\dfrac{2}{5}$

$$\begin{aligned}\mathrm{P}(A^c\cap B^c)&=\mathrm{P}((A\cup B)^c)=1-\mathrm{P}(A\cup B)\\&=\dfrac{1}{2}\end{aligned}$$
$$\therefore \mathrm{P}(A\cup B)=\dfrac{1}{2}$$
$\mathrm{P}(A\cup B)=\mathrm{P}(A)+\mathrm{P}(B)-\mathrm{P}(A\cap B)$ 에서

$$\dfrac{1}{2}=\dfrac{1}{4}+\dfrac{5}{12}-\mathrm{P}(A\cap B) \qquad \therefore \mathrm{P}(A\cap B)=\dfrac{1}{6}$$

$$\therefore \mathrm{P}(A|B)=\dfrac{\mathrm{P}(A\cap B)}{\mathrm{P}(B)}=\dfrac{\dfrac{1}{6}}{\dfrac{5}{12}}=\dfrac{2}{5}$$

필수 예제 2 답 $\dfrac{7}{9}$

이 학교 학생 300명 중에서 임의로 한 명을 뽑을 때, 뽑은 학생이 남학생인 사건을 A, 수학을 선호하는 사건을 B라 하면 구하는 확률은 $\mathrm{P}(B|A)$이다.

표본공간을 S라 하면

$$n(S)=300,\ n(A)=162,\ n(A\cap B)=126$$
$$\therefore \mathrm{P}(A)=\dfrac{n(A)}{n(S)}=\dfrac{162}{300}=\dfrac{27}{50},$$
$$\mathrm{P}(A\cap B)=\dfrac{n(A\cap B)}{n(S)}=\dfrac{126}{300}=\dfrac{21}{50}$$

따라서 구하는 확률은

$$\mathrm{P}(B|A)=\dfrac{\mathrm{P}(A\cap B)}{\mathrm{P}(A)}=\dfrac{\dfrac{21}{50}}{\dfrac{27}{50}}=\dfrac{7}{9}$$

다른 풀이

$$\mathrm{P}(B|A)=\dfrac{n(A\cap B)}{n(A)}=\dfrac{126}{162}=\dfrac{7}{9}$$

2-1 답 $\dfrac{3}{10}$

이 가게에서 하루 동안 음료를 구입한 손님 200명 중에서 임의로 한 명을 뽑을 때, 뽑은 손님이 여성인 사건을 A, 콜라를 주문한 사건을 B라 하면 구하는 확률은 $\mathrm{P}(B|A)$이다.

표본공간을 S라 하면

$$n(S)=200,\ n(A)=120,\ n(A\cap B)=36$$
$$\therefore \mathrm{P}(A)=\dfrac{n(A)}{n(S)}=\dfrac{120}{200}=\dfrac{3}{5},$$
$$\mathrm{P}(A\cap B)=\dfrac{n(A\cap B)}{n(S)}=\dfrac{36}{200}=\dfrac{9}{50}$$

따라서 구하는 확률은

$$\mathrm{P}(B|A)=\dfrac{\mathrm{P}(A\cap B)}{\mathrm{P}(A)}=\dfrac{\dfrac{9}{50}}{\dfrac{3}{5}}=\dfrac{3}{10}$$

다른 풀이

$$\mathrm{P}(B|A)=\dfrac{n(A\cap B)}{n(A)}=\dfrac{36}{120}=\dfrac{3}{10}$$

2-2 답 $\dfrac{3}{5}$

1부터 10까지의 자연수 중에서 임의로 하나를 택하는 시행에서 홀수를 택하는 사건을 A, 소수를 택하는 사건을 B라 하면 구하는 확률은 $\mathrm{P}(B|A)$이다.

표본공간을 S라 하면

$$S=\{1,\ 2,\ 3,\ \cdots,\ 10\},\ A=\{1,\ 3,\ 5,\ 7,\ 9\},$$
$$B=\{2,\ 3,\ 5,\ 7\},\ A\cap B=\{3,\ 5,\ 7\}$$
이므로
$$n(S)=10,\ n(A)=5,\ n(A\cap B)=3$$
$$\therefore \mathrm{P}(A)=\dfrac{n(A)}{n(S)}=\dfrac{5}{10}=\dfrac{1}{2},$$
$$\mathrm{P}(A\cap B)=\dfrac{n(A\cap B)}{n(S)}=\dfrac{3}{10}$$

따라서 구하는 확률은

$$\mathrm{P}(B|A)=\dfrac{\mathrm{P}(A\cap B)}{\mathrm{P}(A)}=\dfrac{\dfrac{3}{10}}{\dfrac{1}{2}}=\dfrac{3}{5}$$

다른 풀이

$$\mathrm{P}(B|A)=\dfrac{n(A\cap B)}{n(A)}=\dfrac{3}{5}$$

2-3 답 $\dfrac{1}{3}$

이 반 전체 학생 중에서 임의로 뽑은 한 학생의 혈액형이 O형인 사건을 A, 여학생인 사건을 B라 하면 구하는 확률은 $P(B|A)$이다.

이때 $P(A)=0.45$, $P(A \cap B)=0.15$이므로 구하는 확률은

$$P(B|A)=\dfrac{P(A \cap B)}{P(A)}=\dfrac{0.15}{0.45}=\dfrac{1}{3}$$

필수 예제 3 답 $\dfrac{4}{15}$

소설책 4권, 참고서 6권이 꽂혀 있는 책꽂이에서 임의로 책 2권을 한 권씩 꺼낼 때, 첫 번째에 소설책을 꺼내는 사건을 A, 두 번째에 참고서를 꺼내는 사건을 B라 하자.

표본공간을 S라 하면

$$n(S)=4+6=10, \; n(A)=4$$
$$\therefore P(A)=\dfrac{n(A)}{n(S)}=\dfrac{4}{10}=\dfrac{2}{5}$$

첫 번째에 소설책을 꺼냈을 때, 두 번째에 참고서를 꺼낼 확률은 첫 번째에 소설책을 꺼냈다고 생각하고 첫 번째에 꺼낸 소설책을 제외한 나머지 소설책 3권과 참고서 6권 중에서 참고서를 꺼낼 확률과 같으므로 표본공간을 S_1이라 하면

$$n(S_1)=3+6=9, \; n(B)=6$$
$$\therefore P(B|A)=\dfrac{n(B)}{n(S_1)}=\dfrac{6}{9}=\dfrac{2}{3}$$

따라서 구하는 확률은
$$P(A \cap B)=P(A)P(B|A)$$
$$=\dfrac{2}{5} \times \dfrac{2}{3}=\dfrac{4}{15}$$

플러스 강의

확률의 곱셈정리 문제의 풀이는 식이 복잡해 보이지만 두 개 이상의 확률이 곱해진 것이다.

즉, 첫 번째에는 소설책, 두 번째에는 참고서를 꺼낼 확률은

1. 첫 번째에 소설책을 꺼낼 확률 $\Rightarrow \dfrac{{}_4C_1}{{}_{10}C_1}=\dfrac{2}{5}$

2. 그리고 $\Rightarrow \times$

3. 두 번째에 참고서를 꺼낼 확률 $\Rightarrow \dfrac{{}_6C_1}{{}_9C_1}=\dfrac{2}{3}$

로 해석할 수 있다.

따라서 구하는 확률은

$\dfrac{2}{5} \times \dfrac{2}{3}=\dfrac{4}{15}$

3-1 답 $\dfrac{2}{7}$

흰 공 3개와 검은 공 4개가 들어 있는 주머니에서 임의로 공 2개를 한 개씩 꺼낼 때, 두 번째에만 검은 공을 꺼내는 경우는 첫 번째에는 흰 공, 두 번째에는 검은 공을 꺼내는 경우이다.

첫 번째에 흰 공을 꺼내는 사건을 A, 두 번째에 검은 공을 꺼내는 사건을 B라 하자.

표본공간을 S라 하면

$$n(S)=3+4=7, \; n(A)=3$$
$$\therefore P(A)=\dfrac{n(A)}{n(S)}=\dfrac{3}{7}$$

첫 번째에 흰 공을 꺼냈을 때, 두 번째에 검은 공을 꺼낼 확률은 첫 번째에 흰 공을 꺼냈다고 생각하고 꺼낸 흰 공을 제외한 나머지 흰 공 2개와 검은 공 4개 중에서 검은 공을 꺼낼 확률과 같으므로 표본공간을 S_1이라 하면

$$n(S_1)=2+4=6, \; n(B)=4$$
$$\therefore P(B|A)=\dfrac{n(B)}{n(S_1)}=\dfrac{4}{6}=\dfrac{2}{3}$$

따라서 구하는 확률은

$$P(A \cap B)=P(A)P(B|A)=\dfrac{3}{7} \times \dfrac{2}{3}=\dfrac{2}{7}$$

3-2 답 4

빨간 구슬 6개, 파란 구슬 k개가 들어 있는 주머니에서 임의로 구슬 2개를 한 개씩 꺼낼 때, 첫 번째에 빨간 구슬을 꺼내는 사건을 A, 두 번째에 빨간 구슬을 꺼내는 사건을 B라 하자.

표본공간을 S라 하면

$$n(S)=6+k, \; n(A)=6$$
$$\therefore P(A)=\dfrac{n(A)}{n(S)}=\dfrac{6}{6+k}$$

첫 번째에 빨간 구슬을 꺼냈을 때, 두 번째에 빨간 구슬을 꺼낼 확률은 첫 번째에 빨간 구슬을 꺼냈다고 생각하고 첫 번째에 꺼낸 빨간 구슬을 제외한 나머지 빨간 구슬 5개와 파란 구슬 k개 중에서 빨간 구슬을 꺼낼 확률과 같으므로 표본공간을 S_1이라 하면

$$n(S_1)=5+k, \; n(B)=5$$
$$\therefore P(B|A)=\dfrac{n(B)}{n(S_1)}=\dfrac{5}{5+k}$$

이때 $P(A \cap B)=\dfrac{1}{3}$이므로

$P(A \cap B)=P(A)P(B|A)$에서

$$\dfrac{1}{3}=\dfrac{6}{6+k} \times \dfrac{5}{5+k}$$
$$(6+k)(5+k)=90$$
$$k^2+11k+30=90$$
$$k^2+11k-60=0$$
$$(k+15)(k-4)=0$$
$$\therefore k=4 \; (\because k는 자연수)$$

다른 풀이

$$(6+k)(5+k)=90=10 \times 9$$
$$\therefore k=4 \; (\because k는 자연수)$$

3-3 답 $\dfrac{1}{6}$

두 상자 A, B에서 임의로 한 상자를 택하여 과일 한 개를 꺼낼 때, 상자 B를 택하는 사건을 X, 사과를 택하는 사건을 Y라 하자.

두 상자 A, B 중에서 상자 B를 택할 확률은

$$P(X)=\dfrac{1}{2}$$

상자 B에 들어 있는 사과 4개, 배 8개 중에서 사과를 택할 확률은

$$P(Y|X)=\dfrac{4}{12}=\dfrac{1}{3}$$

따라서 구하는 확률은

$$P(X \cap Y)=P(X)P(Y|X)=\dfrac{1}{2} \times \dfrac{1}{3}=\dfrac{1}{6}$$

필수 예제 4 답 $\dfrac{3}{10}$

두 사건 A, B가 서로 독립이므로
$\mathrm{P}(A \cap B) = \mathrm{P}(A)\mathrm{P}(B)$에서

$\dfrac{1}{5} = \mathrm{P}(A) \times \dfrac{2}{3}$ $\therefore \mathrm{P}(A) = \dfrac{3}{10}$

4-1 답 $\dfrac{3}{5}$

두 사건 A, B가 서로 독립이므로
$\mathrm{P}(A \cap B) = \mathrm{P}(A)\mathrm{P}(B)$에서

$\dfrac{2}{15} = \dfrac{1}{3} \times \mathrm{P}(B)$ $\therefore \mathrm{P}(B) = \dfrac{2}{5}$

$\therefore \mathrm{P}(A \cup B) = \mathrm{P}(A) + \mathrm{P}(B) - \mathrm{P}(A \cap B)$

$\qquad\qquad = \dfrac{1}{3} + \dfrac{2}{5} - \dfrac{2}{15} = \dfrac{3}{5}$

4-2 답 $\dfrac{1}{3}$

두 사건 A, B가 서로 독립이므로 두 사건 A, B^{C}도 서로 독립이다.

즉, $\mathrm{P}(A \cap B^{C}) = \mathrm{P}(A)\mathrm{P}(B^{C})$이므로
$\mathrm{P}(A \cup B^{C}) = \mathrm{P}(A) + \mathrm{P}(B^{C}) - \mathrm{P}(A \cap B^{C})$에서
$3\mathrm{P}(A \cap B^{C}) = \mathrm{P}(A) + \mathrm{P}(B^{C}) - \mathrm{P}(A \cap B^{C})$
$4\mathrm{P}(A \cap B^{C}) = \mathrm{P}(A) + \mathrm{P}(B^{C})$
$4\mathrm{P}(A)\mathrm{P}(B^{C}) = \mathrm{P}(A) + \mathrm{P}(B^{C})$
$4 \times \dfrac{2}{5} \times \mathrm{P}(B^{C}) = \dfrac{2}{5} + \mathrm{P}(B^{C})$
$\dfrac{3}{5}\mathrm{P}(B^{C}) = \dfrac{2}{5}$ $\therefore \mathrm{P}(B^{C}) = \dfrac{2}{3}$
$\therefore \mathrm{P}(B) = 1 - \mathrm{P}(B^{C}) = 1 - \dfrac{2}{3} = \dfrac{1}{3}$

4-3 답 $\dfrac{4}{15}$

두 사건 A, B가 서로 독립이므로 두 사건 A^{C}, B도 서로 독립이다.

즉, $\mathrm{P}(A^{C} \cap B) = \mathrm{P}(A^{C})\mathrm{P}(B)$이고

$\mathrm{P}(A^{C}) = 1 - \mathrm{P}(A) = 1 - \dfrac{1}{5} = \dfrac{4}{5}$

이므로
$\mathrm{P}(A^{C} \cup B) = \mathrm{P}(A^{C}) + \mathrm{P}(B) - \mathrm{P}(A^{C} \cap B)$
$\qquad\qquad = \mathrm{P}(A^{C}) + \mathrm{P}(B) - \mathrm{P}(A^{C})\mathrm{P}(B)$

에서

$\dfrac{13}{15} = \dfrac{4}{5} + \mathrm{P}(B) - \dfrac{4}{5}\mathrm{P}(B)$

$\dfrac{1}{5}\mathrm{P}(B) = \dfrac{1}{15}$ $\therefore \mathrm{P}(B) = \dfrac{1}{3}$

$\therefore \mathrm{P}(A^{C} \cap B) = \mathrm{P}(A^{C})\mathrm{P}(B) = \dfrac{4}{5} \times \dfrac{1}{3} = \dfrac{4}{15}$

필수 예제 5 답 (1) 종속 (2) 독립

표본공간을 S라 하면
$S = \{1, 2, 3, 4, 5, 6\}$,
$A = \{2, 4, 6\}$, $B = \{2, 3, 5\}$, $C = \{1, 2, 3, 6\}$
즉, $n(S) = 6$, $n(A) = 3$, $n(B) = 3$, $n(C) = 4$이므로

$\mathrm{P}(A) = \dfrac{n(A)}{n(S)} = \dfrac{3}{6} = \dfrac{1}{2}$, $\mathrm{P}(B) = \dfrac{n(B)}{n(S)} = \dfrac{3}{6} = \dfrac{1}{2}$,

$\mathrm{P}(C) = \dfrac{n(C)}{n(S)} = \dfrac{4}{6} = \dfrac{2}{3}$

(1) $A \cap B = \{2\}$, 즉 $n(A \cap B) = 1$이므로

$\qquad \mathrm{P}(A \cap B) = \dfrac{n(A \cap B)}{n(S)} = \dfrac{1}{6}$

또한,

$\qquad \mathrm{P}(A)\mathrm{P}(B) = \dfrac{1}{2} \times \dfrac{1}{2} = \dfrac{1}{4}$

따라서 $\mathrm{P}(A \cap B) \neq \mathrm{P}(A)\mathrm{P}(B)$이므로 두 사건 A, B는 서로 종속이다.

(2) $B \cap C = \{2, 3\}$, 즉 $n(B \cap C) = 2$이므로

$\qquad \mathrm{P}(B \cap C) = \dfrac{n(B \cap C)}{n(S)} = \dfrac{2}{6} = \dfrac{1}{3}$

또한,

$\qquad \mathrm{P}(B)\mathrm{P}(C) = \dfrac{1}{2} \times \dfrac{2}{3} = \dfrac{1}{3}$

따라서 $\mathrm{P}(B \cap C) = \mathrm{P}(B)\mathrm{P}(C)$이므로 두 사건 B, C는 서로 독립이다.

5-1 답 ⑤

표본공간을 S라 하면
$S = \{1, 2, 3, \cdots, 20\}$, $A = \{1, 3, 5, \cdots, 19\}$,
$B = \{4, 8, 12, 16, 20\}$, $C = \{3, 6, 9, 12, 15, 18\}$
즉, $n(S) = 20$, $n(A) = 10$, $n(B) = 5$, $n(C) = 6$이므로

$\mathrm{P}(A) = \dfrac{n(A)}{n(S)} = \dfrac{10}{20} = \dfrac{1}{2}$, $\mathrm{P}(B) = \dfrac{n(B)}{n(S)} = \dfrac{5}{20} = \dfrac{1}{4}$,

$\mathrm{P}(C) = \dfrac{n(C)}{n(S)} = \dfrac{6}{20} = \dfrac{3}{10}$

ㄱ. $A \cap B = \varnothing$이므로 두 사건 A, B는 서로 배반사건이다. (참)

ㄴ. $A \cap C = \{3, 9, 15\}$, 즉 $n(A \cap C) = 3$이므로

$\qquad \mathrm{P}(A \cap C) = \dfrac{n(A \cap C)}{n(S)} = \dfrac{3}{20}$

또한,

$\qquad \mathrm{P}(A)\mathrm{P}(C) = \dfrac{1}{2} \times \dfrac{3}{10} = \dfrac{3}{20}$

즉, $\mathrm{P}(A \cap C) = \mathrm{P}(A)\mathrm{P}(C)$이므로 두 사건 A, C는 서로 독립이다. (참)

ㄷ. $B \cap C = \{12\}$, 즉 $n(B \cap C) = 1$이므로

$\qquad \mathrm{P}(B \cap C) = \dfrac{n(B \cap C)}{n(S)} = \dfrac{1}{20}$

또한,

$\qquad \mathrm{P}(B)\mathrm{P}(C) = \dfrac{1}{4} \times \dfrac{3}{10} = \dfrac{3}{40}$

즉, $\mathrm{P}(B \cap C) \neq \mathrm{P}(B)\mathrm{P}(C)$이므로 두 사건 B, C는 서로 종속이다. (참)

따라서 옳은 것은 ㄱ, ㄴ, ㄷ이다.

플러스 강의

배반사건과 독립사건의 비교

배반사건	독립사건
두 사건 A, B가 동시에 일어나지 않는다.	두 사건 A, B가 서로 일어날 확률에 영향을 주지 않는다.
$\mathrm{P}(A \cap B) = 0$	$\mathrm{P}(A \cap B) = \mathrm{P}(A)\mathrm{P}(B)$

5-2 답 독립

이 학년의 학생 135명 중에서 임의로 1명을 뽑을 때, 이 학생이 라면을 선호하는 사건을 A, 여학생인 사건을 B라 하자.

표본공간을 S라 하면

$n(S)=135$, $n(A)=60$, $n(B)=90$, $n(A\cap B)=40$

이므로

$$P(A)=\frac{n(A)}{n(S)}=\frac{60}{135}=\frac{4}{9}, \ P(B)=\frac{n(B)}{n(S)}=\frac{90}{135}=\frac{2}{3},$$

$$P(A\cap B)=\frac{n(A\cap B)}{n(S)}=\frac{40}{135}=\frac{8}{27}$$

이고

$$P(A)P(B)=\frac{4}{9}\times\frac{2}{3}=\frac{8}{27}$$

따라서 $P(A\cap B)=P(A)P(B)$이므로 두 사건 A와 B는 서로 독립이다.

5-3 답 0.72

선수 A가 한 발의 화살을 쏘아 과녁을 맞히는 사건을 A, 선수 B가 한 발의 화살을 쏘아 과녁을 맞히는 사건을 B라 하면 두 선수의 결과가 서로 영향을 주지 않으므로 두 사건 A, B는 서로 독립이다.

이때 $P(A)=0.8$, $P(B)=0.9$이므로 구하는 확률은

$$P(A\cap B)=P(A)P(B)=0.8\times0.9=0.72$$

필수 예제 6 답 $\dfrac{11}{243}$

한 개의 주사위를 던질 때, 3의 배수의 눈이 나오는 경우는 3, 6의 2가지이므로 그 확률은

$$\frac{2}{6}=\frac{1}{3}$$

이때 한 개의 주사위를 던지는 시행은 독립시행이므로

(i) 3의 배수의 눈이 4번 나올 확률

$$_5C_4\left(\frac{1}{3}\right)^4\left(1-\frac{1}{3}\right)^{5-4}={_5C_1}\times\left(\frac{1}{3}\right)^4\times\frac{2}{3}$$

$$=5\times\left(\frac{1}{3}\right)^4\times\frac{2}{3}$$

$$=\frac{10}{243}$$

(ii) 3의 배수의 눈이 5번 나올 확률

$$_5C_5\left(\frac{1}{3}\right)^5\left(1-\frac{1}{3}\right)^{5-5}=1\times\left(\frac{1}{3}\right)^5\times1=\frac{1}{243}$$

(i), (ii)에서 구하는 확률은

$$\frac{10}{243}+\frac{1}{243}=\frac{11}{243}$$

6-1 답 $\dfrac{13}{32}$

서로 다른 동전 2개를 동시에 던질 때, 한 개의 동전만 앞면이 나오는 경우는 (앞, 뒤), (뒤, 앞)의 2가지이므로 그 확률은

$$\frac{2}{4}=\frac{1}{2}$$

이때 서로 다른 동전 2개를 동시에 던지는 시행은 독립시행이므로

(i) 한 개의 동전만 앞면이 나오는 사건이 3번일 확률

$$_6C_3\left(\frac{1}{2}\right)^3\left(1-\frac{1}{2}\right)^{6-3}=\frac{6\times5\times4}{3\times2\times1}\times\left(\frac{1}{2}\right)^6=\frac{5}{16}$$

(ii) 한 개의 동전만 앞면이 나오는 사건이 5번일 확률

$$_6C_5\left(\frac{1}{2}\right)^5\left(1-\frac{1}{2}\right)^{6-5}={_6C_1}\left(\frac{1}{2}\right)^6=6\times\left(\frac{1}{2}\right)^6=\frac{3}{32}$$

(i), (ii)에서 구하는 확률은

$$\frac{5}{16}+\frac{3}{32}=\frac{13}{32}$$

6-2 답 $\dfrac{63}{64}$

이 농구 선수가 자유투를 5번 할 때, 2번 이상 성공하는 사건을 A라 하면 A^c은 2번 미만 성공, 즉 0번 또는 1번 성공하는 사건이다.

(i) 0번 성공할 확률

$$_5C_0\left(\frac{3}{4}\right)^0\left(1-\frac{3}{4}\right)^{5-0}=1\times1\times\left(\frac{1}{4}\right)^5=\frac{1}{1024}$$

(ii) 1번 성공할 확률

$$_5C_1\left(\frac{3}{4}\right)^1\left(1-\frac{3}{4}\right)^{5-1}=5\times\frac{3}{4}\times\left(\frac{1}{4}\right)^4=\frac{15}{1024}$$

(i), (ii)에서 $P(A^c)=\dfrac{1}{1024}+\dfrac{15}{1024}=\dfrac{1}{64}$

따라서 구하는 확률은

$$P(A)=1-P(A^c)=1-\frac{1}{64}=\frac{63}{64}$$

6-3 답 $\dfrac{8}{81}$

이 주머니에서 한 개의 공을 꺼낼 때, 파란 공이 나올 확률은

$$\frac{3}{9}=\frac{1}{3}$$

이때 주머니에서 공을 꺼내는 시행은 독립시행이고, 파란 공이 3번 나오되 5번째에는 반드시 파란 공이 나오려면 첫 번째부터 네 번째까지의 시행에서 빨간 공이 2번, 파란 공이 2번 나오고, 5번째에는 파란 공이 나와야 한다.

따라서 구하는 확률은

$$_4C_2\left(\frac{1}{3}\right)^2\left(1-\frac{1}{3}\right)^{4-2}\times\frac{1}{3}=\frac{4\times3}{2\times1}\times\frac{1}{9}\times\frac{4}{9}\times\frac{1}{3}=\frac{8}{81}$$

└→ 5번째에 파란 공이 나올 확률

실전 문제로 **단원 마무리**			• 본문 50~51쪽
01 ②	**02** 39	**03** ②	**04** ①
05 ②	**06** ⑤	**07** $\dfrac{3}{8}$	**08** $\dfrac{35}{128}$
09 ②	**10** ④		

01

$$P(A^c)=1-P(A)=1-\frac{1}{4}=\frac{3}{4}$$

한편, 두 사건 A, B가 서로 배반사건이므로

$$A\cap B=\varnothing \quad \therefore B\subset A^c$$

즉, $A^c\cap B=B$이므로

$$P(A^c\cap B)=P(B)=\frac{1}{2}$$

$$\therefore P(B|A^c)=\frac{P(A^c\cap B)}{P(A^c)}=\frac{\frac{1}{2}}{\frac{3}{4}}=\frac{2}{3}$$

02

이 주머니에서 한 개의 공을 꺼낼 때 꺼낸 공에 적힌 수가 홀수인 사건을 A, 흰 공인 사건을 B라 하면 $\mathrm{P}(B|A)=\dfrac{1}{3}$이다.

표본공간을 S, 홀수가 적힌 검은 공의 개수를 t (t는 자연수)라 하면

홀수가 적힌 흰 공의 개수

$n(S)=10+k$, $n(A)=5+t$, $n(A\cap B)=5$

$\therefore \mathrm{P}(A)=\dfrac{n(A)}{n(S)}=\dfrac{5+t}{10+k}$,

$\mathrm{P}(A\cap B)=\dfrac{n(A\cap B)}{n(S)}=\dfrac{5}{10+k}$

이때 $\mathrm{P}(B|A)=\dfrac{1}{3}$에서

$\dfrac{\mathrm{P}(A\cap B)}{\mathrm{P}(A)}=\dfrac{\dfrac{5}{10+k}}{\dfrac{5+t}{10+k}}=\dfrac{5}{5+t}=\dfrac{1}{3}$

이므로 $5+t=15$

$\therefore t=10$

즉, 홀수가 적힌 검은 공의 개수가 10이므로 k개의 검은 공에 적힌 홀수는

$1, 3, 5, \cdots, 19$

따라서 자연수 k의 값은 19 또는 20이므로 그 합은

$19+20=39$

다른 풀이

$\mathrm{P}(B|A)=\dfrac{n(A\cap B)}{n(A)}=\dfrac{5}{5+t}=\dfrac{1}{3}$ $\therefore t=10$

03

흰 공 5개와 검은 공 3개가 들어 있는 주머니에서 임의로 공 2개를 한 개씩 꺼낼 때, 꺼낸 공 중 검은 공이 1개인 경우는

첫 번째에는 검은 공, 두 번째에는 흰 공 또는

첫 번째에는 흰 공, 두 번째에는 검은 공

을 꺼내는 경우이다.

(i) 첫 번째에는 검은 공, 두 번째에는 흰 공을 꺼내는 경우

첫 번째에 검은 공을 꺼내는 사건을 A_1, 두 번째에 흰 공을 꺼내는 사건을 B_1이라 하자.

표본공간을 S_1이라 하면

$n(S_1)=5+3=8$, $n(A_1)=3$

$\therefore \mathrm{P}(A_1)=\dfrac{n(A_1)}{n(S_1)}=\dfrac{3}{8}$

첫 번째에 검은 공을 꺼냈을 때, 두 번째에 흰 공을 꺼낼 확률은 첫 번째에 검은 공을 꺼냈다고 생각하고 꺼낸 검은 공을 제외한 나머지 검은 공 2개와 흰 공 5개 중에서 흰 공을 한 개 꺼낼 확률과 같으므로 표본공간을 S_1'이라 하면

$n(S_1')=5+2=7$, $n(B_1)=5$

$\therefore \mathrm{P}(B_1|A_1)=\dfrac{n(B_1)}{n(S_1')}=\dfrac{5}{7}$

즉, 구하는 확률은

$\mathrm{P}(A_1\cap B_1)=\mathrm{P}(A_1)\mathrm{P}(B_1|A_1)=\dfrac{3}{8}\times\dfrac{5}{7}=\dfrac{15}{56}$

(ii) 첫 번째에는 흰 공, 두 번째에는 검은 공을 꺼내는 경우

첫 번째에 흰 공을 꺼내는 사건을 A_2, 두 번째에 검은 공을 꺼내는 사건을 B_2라 하자.

표본공간을 S_2라 하면

$n(S_2)=5+3=8$, $n(A_2)=5$

$\therefore \mathrm{P}(A_2)=\dfrac{n(A_2)}{n(S_2)}=\dfrac{5}{8}$

첫 번째에 흰 공을 꺼냈을 때, 두 번째에 검은 공을 꺼낼 확률은 첫 번째에 흰 공을 꺼냈다고 생각하고 꺼낸 흰 공을 제외한 나머지 흰 공 4개와 검은 공 3개 중에서 검은 공을 한 개 꺼낼 확률과 같으므로 표본공간을 S_2'이라 하면

$n(S_2')=4+3=7$, $n(B_2)=3$

$\therefore \mathrm{P}(B_2|A_2)=\dfrac{n(B_2)}{n(S_2')}=\dfrac{3}{7}$

즉, 구하는 확률은

$\mathrm{P}(A_2\cap B_2)=\mathrm{P}(A_2)\mathrm{P}(B_2|A_2)=\dfrac{5}{8}\times\dfrac{3}{7}=\dfrac{15}{56}$

(i), (ii)에서 구하는 확률은

$\mathrm{P}(A_1\cap B_1)+\mathrm{P}(A_2\cap B_2)=\dfrac{15}{56}+\dfrac{15}{56}=\dfrac{15}{28}$

04

임의로 택한 응모권이 응모권 A인 사건을 X라 하면 응모권 B인 사건은 X^C이고, 응모권이 당첨되는 사건을 Y라 하자.

(i) 응모권 A가 당첨될 확률

$\mathrm{P}(X\cap Y)=\mathrm{P}(X)\mathrm{P}(Y|X)=0.3\times0.2=0.06$

(ii) 응모권 B가 당첨될 확률

$\mathrm{P}(X^C\cap Y)=\mathrm{P}(X^C)\mathrm{P}(Y|X^C)=0.7\times0.3=0.21$

(i), (ii)에서 구하는 확률은

$\mathrm{P}(Y)=\mathrm{P}(X\cap Y)+\mathrm{P}(X^C\cap Y)=0.06+0.21=0.27$

05

두 사건 A, B가 서로 독립이므로

$\mathrm{P}(B)=\mathrm{P}(B|A)=\dfrac{1}{3}$

또한, 두 사건 A, B가 서로 독립이므로 두 사건 A^C, B도 서로 독립이다.

즉, $\mathrm{P}(A^C\cap B)=\mathrm{P}(A^C)\mathrm{P}(B)$이고

$\mathrm{P}(A^C)=1-\mathrm{P}(A)=1-\dfrac{2}{5}=\dfrac{3}{5}$

이므로

$\mathrm{P}(A^C\cup B)=\mathrm{P}(A^C)+\mathrm{P}(B)-\mathrm{P}(A^C\cap B)$

$=\mathrm{P}(A^C)+\mathrm{P}(B)-\mathrm{P}(A^C)\mathrm{P}(B)$

$=\dfrac{3}{5}+\dfrac{1}{3}-\dfrac{3}{5}\times\dfrac{1}{3}=\dfrac{11}{15}$

플러스 강의

두 사건 A, B가 서로 독립이면

$\mathrm{P}(B|A)=\dfrac{\mathrm{P}(A\cap B)}{\mathrm{P}(A)}=\dfrac{\mathrm{P}(A)\mathrm{P}(B)}{\mathrm{P}(A)}=\mathrm{P}(B)$ (단, $\mathrm{P}(A)>0$)

06

이 시험에서 학생 A가 합격하는 사건을 A, 학생 B가 합격하는 사건을 B라 하면 두 학생 중 적어도 한 학생이 합격하는 사건, 즉 학생 A 또는 학생 B가 합격하는 사건은 $A\cup B$이다.

이때 두 사건 A, B는 서로 독립이므로 구하는 확률은

$$P(A \cup B) = P(A) + P(B) - P(A \cap B)$$
$$= P(A) + P(B) - P(A)P(B)$$
$$= \frac{2}{3} + \frac{1}{4} - \frac{2}{3} \times \frac{1}{4} = \frac{3}{4}$$

다른 풀이

두 학생 A, B 중에서 적어도 한 명의 학생이 합격하는 사건이 $A \cup B$이므로 $(A \cup B)^C = A^C \cap B^C$은 두 학생 A, B가 모두 불합격하는 사건이다.

이때 두 사건 A, B는 서로 독립이므로 두 사건 A^C, B^C도 서로 독립이다.

$$P(A^C) = 1 - P(A) = 1 - \frac{2}{3} = \frac{1}{3},$$

$$P(B^C) = 1 - P(B) = 1 - \frac{1}{4} = \frac{3}{4}$$

이므로

$$P(A^C \cap B^C) = P(A^C)P(B^C) = \frac{1}{3} \times \frac{3}{4} = \frac{1}{4}$$

따라서 구하는 확률은

$$P(A \cup B) = 1 - P(A^C \cap B^C) = 1 - \frac{1}{4} = \frac{3}{4}$$

07

한 개의 주사위를 던졌을 때, 6의 약수의 눈이 나오는 경우는 1, 2, 3, 6의 4가지이므로 그 확률은

$$\frac{4}{6} = \frac{2}{3}$$

이고, 6의 약수의 눈이 나오지 않을 확률은

$$1 - \frac{2}{3} = \frac{1}{3}$$

또한, 동전을 한 번 던져 앞면이 나올 확률은

$$\frac{1}{2}$$

이때 한 개의 주사위를 던지는 시행과 동전을 던지는 시행은 모두 독립시행이므로 한 개의 주사위를 던졌을 때

(i) 6의 약수의 눈이 나오는 경우

동전을 4번 던져 앞면이 2번 나와야 하므로

$$\frac{2}{3} \times {}_4C_2 \left(\frac{1}{2}\right)^2 \left(1 - \frac{1}{2}\right)^{4-2} = \frac{2}{3} \times \frac{4 \times 3}{2 \times 1} \times \left(\frac{1}{2}\right)^4 = \frac{1}{4}$$

(ii) 6의 약수의 눈이 나오지 않은 경우

동전을 3번 던져 앞면이 2번 나와야 하므로

$$\frac{1}{3} \times {}_3C_2 \left(\frac{1}{2}\right)^2 \left(1 - \frac{1}{2}\right)^{3-2} = \frac{1}{3} \times {}_3C_1 \left(\frac{1}{2}\right)^3$$
$$= \frac{1}{3} \times 3 \times \frac{1}{8} = \frac{1}{8}$$

(i), (ii)에서 구하는 확률은

$$\frac{1}{4} + \frac{1}{8} = \frac{3}{8}$$

08

주사위를 7번 던졌을 때, 짝수의 눈이 x번, 홀수의 눈이 y번 나온다고 하면

$$x + y = 7 \quad \cdots\cdots \ \bigcirc$$

또한, 점 P의 좌표가 1인 경우는

$$1 \times x + (-1) \times y = 1$$

$$\therefore x - y = 1 \quad \cdots\cdots \ \bigcirc$$

$\bigcirc$, $\bigcirc$을 연립하여 풀면

$$x = 4, y = 3$$

이때 한 개의 주사위를 던져서 짝수의 눈이 나올 확률은 $\frac{1}{2}$이고, 한 개의 주사위를 던지는 시행은 독립시행이므로 구하는 확률은

$$_7C_4 \left(\frac{1}{2}\right)^4 \left(1 - \frac{1}{2}\right)^{7-4} = {}_7C_3 \left(\frac{1}{2}\right)^7 = \frac{7 \times 6 \times 5}{3 \times 2 \times 1} \times \frac{1}{128} = \frac{35}{128}$$

09

한 개의 주사위를 두 번 던져서 나온 눈의 수가 차례로 a, b일 때, $a \times b$가 4의 배수인 사건을 A, $a + b \leq 7$인 사건을 B라 하면 구하는 확률은 $P(B|A)$이다.

한 개의 주사위를 두 번 던져서 나오는 모든 경우의 수는

$$6 \times 6 = 36$$

사건 A를 만족시키는 경우를 순서쌍 (a, b)로 나타내면 그 경우는

$(1, 4)$, $(2, 2)$, $(2, 4)$, $(2, 6)$, $(3, 4)$, $(4, 1)$, $(4, 2)$, $(4, 3)$, $(4, 4)$, $(4, 5)$, $(4, 6)$, $(5, 4)$, $(6, 2)$, $(6, 4)$, $(6, 6)$

의 15가지

$$\therefore P(A) = \frac{15}{36} = \frac{5}{12}$$

두 사건 A, B를 동시에 만족시키는 경우를 순서쌍 (a, b)로 나타내면 그 경우는

$(1, 4)$, $(2, 2)$, $(2, 4)$, $(3, 4)$, $(4, 1)$, $(4, 2)$, $(4, 3)$

의 7가지

$$\therefore P(A \cap B) = \frac{7}{36}$$

따라서 구하는 확률은

$$P(B|A) = \frac{P(A \cap B)}{P(A)} = \frac{\frac{7}{36}}{\frac{5}{12}} = \frac{7}{15}$$

10

$P(A^C) = 1 - P(A)$이므로

$P(A^C) = 2P(A)$에서

$$1 - P(A) = 2P(A), \ 3P(A) = 1$$

$$\therefore P(A) = \frac{1}{3}$$

두 사건 A, B가 서로 독립이고, $P(A \cap B) = \frac{1}{4}$이므로

$P(A \cap B) = P(A)P(B)$에서

$$\frac{1}{4} = \frac{1}{3} \times P(B)$$

$$\therefore P(B) = \frac{3}{4}$$

개념으로 단원 마무리 · 본문 52쪽

1 답 (1) 조건부확률, $P(B|A)$ (2) $P(A \cap B)$
(3) $P(A)$, $P(A|B)$ (4) 독립, 종속 (5) $P(A)P(B)$
(6) $_nC_r$

2 탑 (1) ○ (2) ○ (3) × (4) ○

(2) $P(B|A) = P(B)$이면

$$\frac{P(A \cap B)}{P(A)} = P(B)$$

$$P(A \cap B) = P(A)P(B)$$

따라서 두 사건 A, B는 서로 독립이다.

(3) 두 사건 A, B가 서로 독립이면

$$P(A \cap B) = P(A)P(B)$$

이때

$$\begin{aligned}P(A^C \cap B) &= P(B) - P(A \cap B) \\ &= P(B) - P(A)P(B) \\ &= \{1 - P(A)\}P(B) \\ &= P(A^C)P(B)\end{aligned}$$

따라서 두 사건 A^C, B는 서로 독립이다.

(4) 동전을 한 번 던질 때, 앞면이 나오는 확률은 $\frac{1}{2}$이고, 동전을 던지는 시행은 독립시행이므로

앞면이 2번 나올 확률은

$${}_{10}C_2 \left(\frac{1}{2}\right)^2 \left(1 - \frac{1}{2}\right)^{10-2} = {}_{10}C_2 \left(\frac{1}{2}\right)^{10}$$

앞면이 8번 나올 확률은

$${}_{10}C_8 \left(\frac{1}{2}\right)^8 \left(1 - \frac{1}{2}\right)^{10-8} = {}_{10}C_8 \left(\frac{1}{2}\right)^{10} = {}_{10}C_2 \left(\frac{1}{2}\right)^{10}$$

따라서 동전을 10번 던질 때 앞면이 2번 나올 확률과 앞면이 8번 나올 확률은 서로 같다.

---

05 이산확률변수의 확률분포

교과서 개념 확인하기　　　　　　　　　　　○ 본문 55쪽

1 탑 (1) 1, 2, 3, 4, 5, 6　(2) $\frac{1}{6}$

(1) 한 개의 주사위를 던질 때 나오는 눈의 수는 1, 2, 3, 4, 5, 6 이므로 확률변수 X가 가질 수 있는 값은

1, 2, 3, 4, 5, 6

(2) 한 개의 주사위를 던질 때 2가 나올 확률은 $\frac{1}{6}$이므로

$$P(X=2) = \frac{1}{6}$$

2 탑 $\frac{1}{2}$, $\frac{1}{4}$

한 개의 동전을 두 번 던질 때 나오는 모든 경우의 수는

(앞, 앞), (앞, 뒤), (뒤, 앞), (뒤, 뒤)

이므로 X가 가질 수 있는 값은 0, 1, 2이다.

$P(X=1)$은 앞면이 한 번 나올 확률이므로

$$P(X=1) = \frac{2}{4} = \frac{1}{2}$$

$P(X=2)$는 앞면이 두 번 나올 확률이므로

$$P(X=2) = \frac{1}{4}$$

3 탑 (1) 1　(2) 2　(3) $\sqrt{2}$

(1) $E(X) = (-2) \times \frac{1}{8} + 0 \times \frac{1}{4} + 2 \times \frac{5}{8} = 1$

(2) $V(X) = (-2-1)^2 \times \frac{1}{8} + (0-1)^2 \times \frac{1}{4} + (2-1)^2 \times \frac{5}{8}$

　　　　$= 2$

(3) $\sigma(X) = \sqrt{2}$

다른 풀이

(2) $E(X^2) = (-2)^2 \times \frac{1}{8} + 0^2 \times \frac{1}{4} + 2^2 \times \frac{5}{8} = 3$

　∴ $V(X) = E(X^2) - \{E(X)\}^2 = 3 - 1^2 = 2$

참고 이 문제와 같이 $E(X)$, 즉 m의 값이 정수인 경우 분산을 구할 때, $V(X) = E((X-m)^2)$을 이용하면 계산이 좀 더 간편하다.

4 탑 (1) $E(3X-1) = 14$, $V(3X-1) = 36$, $\sigma(3X-1) = 6$
　　(2) $E(-2X+3) = -7$, $V(-2X+3) = 16$, $\sigma(-2X+3) = 4$

(1) $E(3X-1) = 3E(X) - 1 = 3 \times 5 - 1 = 14$

　$V(3X-1) = 3^2 V(X) = 9 \times 4 = 36$

　$\sigma(3X-1) = \sqrt{36} = 6$

(2) $E(-2X+3) = -2E(X) + 3 = (-2) \times 5 + 3 = -7$

　$V(-2X+3) = (-2)^2 V(X) = 4 \times 4 = 16$

　$\sigma(-2X+3) = \sqrt{16} = 4$

5 탑 (1) $B\left(100, \frac{1}{2}\right)$　(2) $B\left(300, \frac{1}{3}\right)$

(1) 동전을 한 번 던질 때 앞면이 나올 확률은 $\frac{1}{2}$이므로 X는 이항분포 $B\left(100, \frac{1}{2}\right)$을 따른다.

(2) 주사위를 한 번 던질 때 3의 배수의 눈, 즉 3, 6이 나올 확률은 $\frac{1}{3}$이므로 X는 이항분포 $B\left(300, \frac{1}{3}\right)$을 따른다.

6 답 $\frac{105}{512}$

확률변수 X의 확률질량함수는

$$P(X=x)={}_{10}C_x\left(\frac{1}{2}\right)^x\left(1-\frac{1}{2}\right)^{10-x}={}_{10}C_x\left(\frac{1}{2}\right)^{10}$$

$$\therefore P(X=4)={}_{10}C_4\left(\frac{1}{2}\right)^{10}=\frac{10\times9\times8\times7}{4\times3\times2\times1}\times\left(\frac{1}{2}\right)^{10}=\frac{105}{512}$$

7 답 (1) 24 (2) 16 (3) 4

$n=72$, $p=\frac{1}{3}$이므로

(1) $E(X)=72\times\frac{1}{3}=24$

(2) $V(X)=72\times\frac{1}{3}\times\left(1-\frac{1}{3}\right)=16$

(3) $\sigma(X)=\sqrt{16}=4$

교과서 예제로 개념 익히기 • 본문 56~61쪽

필수 예제 1 답 $\frac{1}{9}$

확률의 총합은 1이므로

$\frac{1}{3}+2a+\frac{1}{3}+a=1$

$3a=\frac{1}{3}$ $\therefore a=\frac{1}{9}$

1-1 답 $\frac{1}{2}$

확률의 총합은 1이므로

$a^2+\left(a-\frac{1}{5}\right)+a^2+\frac{1}{5}=1$

$2a^2+a-1=0$, $(a+1)(2a-1)=0$

$\therefore a=-1$ 또는 $a=\frac{1}{2}$

이때 $a=-1$이면 $P(X=1)=-\frac{6}{5}<0$이 되므로

$a=\frac{1}{2}$

1-2 답 $\frac{2}{5}$

확률의 총합은 1이므로

$a+2a+3a+4a=1$

$10a=1$ $\therefore a=\frac{1}{10}$

따라서 확률변수 X의 확률분포를 표로 나타내면 다음과 같다.

X	-1	0	1	2	합계
$P(X=x)$	$\frac{1}{10}$	$\frac{1}{5}$	$\frac{3}{10}$	$\frac{2}{5}$	1

$\therefore P(X=-1)+P(X=1)=\frac{1}{10}+\frac{3}{10}=\frac{2}{5}$

1-3 답 $\frac{13}{25}$

확률변수 X의 확률분포를 표로 나타내면 다음과 같다.

X	1	2	3	4	합계
$P(X=x)$	a	$\frac{a}{2}$	$\frac{a}{3}$	$\frac{a}{4}$	1

확률의 총합은 1이므로

$a+\frac{a}{2}+\frac{a}{3}+\frac{a}{4}=1$

$\frac{25}{12}a=1$

$\therefore a=\frac{12}{25}$

$\therefore P(2\leq X\leq4)=P(X=2)+P(X=3)+P(X=4)$

$=\frac{6}{25}+\frac{4}{25}+\frac{3}{25}=\frac{13}{25}$

다른 풀이

확률의 총합은 1이므로

$P(2\leq X\leq4)=P(1\leq X\leq4)-P(X=1)$

$=1-\frac{12}{25}=\frac{13}{25}$

필수 예제 2 답 $\frac{7}{10}$

확률변수 X가 가질 수 있는 값은 0, 1, 2이고, X의 확률질량함수는

$$P(X=x)=\frac{{}_2C_x\times{}_3C_{2-x}}{{}_5C_2}\ (x=0,\ 1,\ 2)$$

$$\therefore P(X=0)=\frac{{}_2C_0\times{}_3C_2}{{}_5C_2}=\frac{1\times3}{10}=\frac{3}{10},$$

$$P(X=1)=\frac{{}_2C_1\times{}_3C_1}{{}_5C_2}=\frac{2\times3}{10}=\frac{3}{5},$$

$$P(X=2)=\frac{{}_2C_2\times{}_3C_0}{{}_5C_2}=\frac{1\times1}{10}=\frac{1}{10}$$

따라서 X의 확률분포를 표로 나타내면 다음과 같다.

X	0	1	2	합계
$P(X=x)$	$\frac{3}{10}$	$\frac{3}{5}$	$\frac{1}{10}$	1

$\therefore P(1\leq X\leq2)=P(X=1)+P(X=2)$

$=\frac{3}{5}+\frac{1}{10}=\frac{7}{10}$

다른 풀이

확률의 총합은 1이므로

$P(1\leq X\leq2)=P(0\leq X\leq2)-P(X=0)$

$=1-\frac{3}{10}=\frac{7}{10}$

2-1 답 $\frac{1}{5}$

확률변수 X가 가질 수 있는 값은 0, 1, 2이고, X의 확률질량함수는

$$P(X=x)=\frac{{}_4C_{3-x}\times{}_2C_x}{{}_6C_3}\ (x=0,\ 1,\ 2)$$

$$\therefore \mathrm{P}(X=0)=\frac{{}_4\mathrm{C}_3\times{}_2\mathrm{C}_0}{{}_6\mathrm{C}_3}=\frac{4\times1}{20}=\frac{1}{5},$$

$$\mathrm{P}(X=1)=\frac{{}_4\mathrm{C}_2\times{}_2\mathrm{C}_1}{{}_6\mathrm{C}_3}=\frac{6\times2}{20}=\frac{3}{5},$$

$$\mathrm{P}(X=2)=\frac{{}_4\mathrm{C}_1\times{}_2\mathrm{C}_2}{{}_6\mathrm{C}_3}=\frac{4\times1}{20}=\frac{1}{5}$$

따라서 X의 확률분포를 표로 나타내면 다음과 같다.

X	0	1	2	합계
$\mathrm{P}(X=x)$	$\frac{1}{5}$	$\frac{3}{5}$	$\frac{1}{5}$	1

$$\therefore \mathrm{P}(X<1)=\mathrm{P}(X=0)=\frac{1}{5}$$

2-2 답 $\frac{1}{2}$

확률변수 X가 가질 수 있는 값은 0, 1, 2, 3이고, X의 확률질량함수는

$$\mathrm{P}(X=x)={}_3\mathrm{C}_x\left(\frac{1}{2}\right)^x\left(\frac{1}{2}\right)^{3-x}={}_3\mathrm{C}_x\left(\frac{1}{2}\right)^3\ (x=0,\ 1,\ 2,\ 3)$$

$$\therefore \mathrm{P}(X=0)={}_3\mathrm{C}_0\left(\frac{1}{2}\right)^3=1\times\frac{1}{8}=\frac{1}{8},$$

$$\mathrm{P}(X=1)={}_3\mathrm{C}_1\left(\frac{1}{2}\right)^3=3\times\frac{1}{8}=\frac{3}{8},$$

$$\mathrm{P}(X=2)={}_3\mathrm{C}_2\left(\frac{1}{2}\right)^3=3\times\frac{1}{8}=\frac{3}{8},$$

$$\mathrm{P}(X=3)={}_3\mathrm{C}_3\left(\frac{1}{2}\right)^3=1\times\frac{1}{8}=\frac{1}{8}$$

따라서 X의 확률분포를 표로 나타내면 다음과 같다.

X	0	1	2	3	합계
$\mathrm{P}(X=x)$	$\frac{1}{8}$	$\frac{3}{8}$	$\frac{3}{8}$	$\frac{1}{8}$	1

$$\therefore \mathrm{P}(X=1\ \text{또는}\ X=3)=\mathrm{P}(X=1)+\mathrm{P}(X=3)$$
$$=\frac{3}{8}+\frac{1}{8}=\frac{1}{2}$$

2-3 답 $\frac{1}{3}$

확률변수 X가 가질 수 있는 값은 1, 2, 3, 4, 5이다.
$X^2-9X+18=0$에서
$(X-3)(X-6)=0$
$\therefore X=3\ (\because X=1,\ 2,\ 3,\ 4,\ 5)$
4장의 카드가 들어 있는 주머니에서 임의로 두 장의 카드를 뽑는 경우의 수는
${}_4\mathrm{C}_2=6$
$X=3$인 경우는
$(0,\ 3),\ (1,\ 2)$의 2가지
$$\therefore \mathrm{P}(X=3)=\frac{2}{6}=\frac{1}{3}$$
$$\therefore \mathrm{P}(X^2-9X+18=0)=\mathrm{P}(X=3)=\frac{1}{3}$$

필수 예제 3 답 (1) 2 (2) $\frac{1}{2}$ (3) $\frac{\sqrt{2}}{2}$

확률의 총합은 1이므로
$$\frac{1}{4}+\frac{1}{2}+a=1$$

$$\frac{3}{4}+a=1\qquad\therefore a=\frac{1}{4}$$

따라서 확률변수 X의 확률분포를 표로 나타내면 다음과 같다.

X	1	2	3	합계
$\mathrm{P}(X=x)$	$\frac{1}{4}$	$\frac{1}{2}$	$\frac{1}{4}$	1

(1) $\mathrm{E}(X)=1\times\frac{1}{4}+2\times\frac{1}{2}+3\times\frac{1}{4}=2$

(2) $\mathrm{V}(X)=(1-2)^2\times\frac{1}{4}+(2-2)^2\times\frac{1}{2}+(3-2)^2\times\frac{1}{4}=\frac{1}{2}$

(3) $\sigma(X)=\sqrt{\frac{1}{2}}=\frac{\sqrt{2}}{2}$

다른 풀이

(2) $\mathrm{E}(X^2)=1^2\times\frac{1}{4}+2^2\times\frac{1}{2}+3^2\times\frac{1}{4}=\frac{9}{2}$

$\quad\therefore \mathrm{V}(X)=\mathrm{E}(X^2)-\{\mathrm{E}(X)\}^2=\frac{9}{2}-2^2=\frac{1}{2}$

3-1 답 (1) 2 (2) $\frac{5}{4}$ (3) $\frac{\sqrt{5}}{2}$

확률의 총합은 1이므로
$$\frac{1}{8}+a+\frac{1}{8}+\frac{1}{2}=1$$

$$\frac{3}{4}+a=1\qquad\therefore a=\frac{1}{4}$$

따라서 확률변수 X의 확률분포를 표로 나타내면 다음과 같다.

X	0	1	2	3	합계
$\mathrm{P}(X=x)$	$\frac{1}{8}$	$\frac{1}{4}$	$\frac{1}{8}$	$\frac{1}{2}$	1

(1) $\mathrm{E}(X)=0\times\frac{1}{8}+1\times\frac{1}{4}+2\times\frac{1}{8}+3\times\frac{1}{2}=2$

(2) $\mathrm{V}(X)=(0-2)^2\times\frac{1}{8}+(1-2)^2\times\frac{1}{4}+(2-2)^2\times\frac{1}{8}$
$$\qquad\qquad\qquad\qquad\qquad\qquad+(3-2)^2\times\frac{1}{2}$$

$$\qquad=\frac{5}{4}$$

(3) $\sigma(X)=\sqrt{\frac{5}{4}}=\frac{\sqrt{5}}{2}$

다른 풀이

(2) $\mathrm{E}(X^2)=0^2\times\frac{1}{8}+1^2\times\frac{1}{4}+2^2\times\frac{1}{8}+3^2\times\frac{1}{2}=\frac{21}{4}$

$\quad\therefore \mathrm{V}(X)=\mathrm{E}(X^2)-\{\mathrm{E}(X)\}^2=\frac{21}{4}-2^2=\frac{5}{4}$

3-2 답 $\frac{5}{9}$

확률의 총합은 1이므로
$$\frac{a-2}{12}+\frac{2a-2}{12}+\frac{3a-2}{12}+\frac{4a-2}{12}=1$$

$$\frac{10a-8}{12}=1,\ 10a-8=12$$

$$\therefore a=2$$

즉, 확률변수 X의 확률분포를 표로 나타내면 다음과 같다.

X	1	2	3	4	합계
$\mathrm{P}(X=x)$	0	$\frac{1}{6}$	$\frac{1}{3}$	$\frac{1}{2}$	1

따라서

$$\mathrm{E}(X)=1\times 0+2\times\frac{1}{6}+3\times\frac{1}{3}+4\times\frac{1}{2}=\frac{10}{3},$$

$$\mathrm{E}(X^2)=1^2\times 0+2^2\times\frac{1}{6}+3^2\times\frac{1}{3}+4^2\times\frac{1}{2}=\frac{35}{3}$$

이므로

$$\mathrm{V}(X)=\mathrm{E}(X^2)-\{\mathrm{E}(X)\}^2=\frac{35}{3}-\left(\frac{10}{3}\right)^2=\frac{5}{9}$$

3-3 답 $\dfrac{3}{5}$

확률의 총합은 1이므로

$$a+\frac{3}{5}+b=1 \qquad \therefore a+b=\frac{2}{5} \qquad\qquad \cdots\cdots \text{㉠}$$

$\mathrm{E}(X)=\dfrac{9}{5}$이므로

$$1\times a+2\times\frac{3}{5}+3\times b=\frac{9}{5} \qquad \therefore a+3b=\frac{3}{5} \qquad\qquad \cdots\cdots \text{㉡}$$

㉠, ㉡을 연립하여 풀면

$$a=\frac{3}{10},\ b=\frac{1}{10}$$

즉, 확률변수 X의 확률분포를 표로 나타내면 다음과 같다.

X	1	2	3	합계
$\mathrm{P}(X=x)$	$\dfrac{3}{10}$	$\dfrac{3}{5}$	$\dfrac{1}{10}$	1

따라서

$$\mathrm{E}(X^2)=1^2\times\frac{3}{10}+2^2\times\frac{3}{5}+3^2\times\frac{1}{10}=\frac{18}{5}$$

이므로

$$\mathrm{V}(X)=\mathrm{E}(X^2)-\{\mathrm{E}(X)\}^2=\frac{18}{5}-\left(\frac{9}{5}\right)^2=\frac{9}{25}$$

$$\therefore \sigma(X)=\sqrt{\frac{9}{25}}=\frac{3}{5}$$

필수 예제 4 답 (1) $\dfrac{5}{2}$ (2) $\dfrac{45}{4}$ (3) $\dfrac{3\sqrt{5}}{2}$

$$\mathrm{E}(X)=0\times\frac{1}{4}+1\times\frac{1}{4}+2\times\frac{1}{4}+3\times\frac{1}{4}=\frac{3}{2}$$

$$\mathrm{E}(X^2)=0^2\times\frac{1}{4}+1^2\times\frac{1}{4}+2^2\times\frac{1}{4}+3^2\times\frac{1}{4}=\frac{7}{2}$$

$$\therefore \mathrm{V}(X)=\mathrm{E}(X^2)-\{\mathrm{E}(X)\}^2=\frac{7}{2}-\left(\frac{3}{2}\right)^2=\frac{5}{4}$$

(1) $\mathrm{E}(Y)=\mathrm{E}(3X-2)=3\mathrm{E}(X)-2=3\times\dfrac{3}{2}-2=\dfrac{5}{2}$

(2) $\mathrm{V}(Y)=\mathrm{V}(3X-2)=3^2\mathrm{V}(X)=9\times\dfrac{5}{4}=\dfrac{45}{4}$

(3) $\sigma(Y)=\sqrt{\dfrac{45}{4}}=\dfrac{3\sqrt{5}}{2}$

4-1 답 (1) -2 (2) 40 (3) $2\sqrt{10}$

$$\mathrm{E}(X)=1\times\frac{4}{9}+2\times\frac{2}{9}+3\times\frac{2}{9}+4\times\frac{1}{9}=2$$

$$\therefore \mathrm{V}(X)=(1-2)^2\times\frac{4}{9}+(2-2)^2\times\frac{2}{9}+(3-2)^2\times\frac{2}{9}$$

$$+(4-2)^2\times\frac{1}{9}$$

$$=\frac{10}{9}$$

(1) $\mathrm{E}(Y)=\mathrm{E}(-6X+10)=-6\mathrm{E}(X)+10$

$$=-6\times 2+10=-2$$

(2) $\mathrm{V}(Y)=\mathrm{V}(-6X+10)=(-6)^2\mathrm{V}(X)$

$$=36\times\frac{10}{9}=40$$

(3) $\sigma(Y)=\sqrt{40}=2\sqrt{10}$

4-2 답 112

확률변수 $Y=\dfrac{1}{2}X-3$의 평균이 2이므로

$\mathrm{E}(Y)=2$에서

$$\mathrm{E}\left(\frac{1}{2}X-3\right)=2,\ \frac{1}{2}\mathrm{E}(X)-3=2$$

$$\therefore \mathrm{E}(X)=10$$

확률변수 $Y=\dfrac{1}{2}X-3$의 분산이 3이므로

$\mathrm{V}(Y)=3$에서

$$\mathrm{V}\left(\frac{1}{2}X-3\right)=3,\ \left(\frac{1}{2}\right)^2\mathrm{V}(X)=3$$

$$\therefore \mathrm{V}(X)=12$$

확률변수 X^2의 평균은 $\mathrm{E}(X^2)$이므로

$\mathrm{V}(X)=\mathrm{E}(X^2)-\{\mathrm{E}(X)\}^2$에서

$$12=\mathrm{E}(X^2)-10^2$$

$$\therefore \mathrm{E}(X^2)=112$$

4-3 답 5

확률변수 X가 가질 수 있는 값은 1, 2, 3이다.

4장의 카드가 들어 있는 주머니에서 임의로 2장의 카드를 동시에 뽑는 경우의 수는

$$_4\mathrm{C}_2=6$$

$X=1$인 경우는

$$(1, 2),\ (1, 3),\ (1, 4)의 3가지$$

$$\therefore \mathrm{P}(X=1)=\frac{3}{6}=\frac{1}{2}$$

$X=2$인 경우는

$$(2, 3),\ (2, 4)의 2가지$$

$$\therefore \mathrm{P}(X=2)=\frac{2}{6}=\frac{1}{3}$$

$X=3$인 경우는

$$(3, 4)의 1가지$$

$$\therefore \mathrm{P}(X=3)=\frac{1}{6}$$

즉, 확률변수 X의 확률분포를 표로 나타내면 다음과 같다.

X	1	2	3	합계
$\mathrm{P}(X=x)$	$\dfrac{1}{2}$	$\dfrac{1}{3}$	$\dfrac{1}{6}$	1

이때

$$\mathrm{E}(X)=1\times\frac{1}{2}+2\times\frac{1}{3}+3\times\frac{1}{6}=\frac{5}{3},$$

$$\mathrm{E}(X^2)=1^2\times\frac{1}{2}+2^2\times\frac{1}{3}+3^2\times\frac{1}{6}=\frac{10}{3}$$

이므로

$$\mathrm{V}(X)=\mathrm{E}(X^2)-\{\mathrm{E}(X)\}^2=\frac{10}{3}-\left(\frac{5}{3}\right)^2=\frac{5}{9}$$

따라서 확률변수 $Y = -3X + \dfrac{1}{2}$의 분산은

$$\mathrm{V}(Y) = \mathrm{V}\left(-3X + \dfrac{1}{2}\right) = (-3)^2\mathrm{V}(X) = 9 \times \dfrac{5}{9} = 5$$

필수 예제 5 답 (1) $\mathrm{P}(X=x) = {}_3\mathrm{C}_x\left(\dfrac{1}{3}\right)^x\left(\dfrac{2}{3}\right)^{3-x}$ ($x=0, 1, 2, 3$)

(2) $\dfrac{2}{9}$

(1) 3점 슛을 던지는 시행은 독립시행이고, 3점 슛 성공률이 $\dfrac{1}{3}$

이므로 확률변수 X는 이항분포 $\mathrm{B}\left(3, \dfrac{1}{3}\right)$을 따른다.

따라서 확률변수 X의 확률질량함수는

$$\mathrm{P}(X=x) = {}_3\mathrm{C}_x\left(\dfrac{1}{3}\right)^x\left(\dfrac{2}{3}\right)^{3-x} \ (x=0, 1, 2, 3)$$

(2) $\mathrm{P}(X=2) = {}_3\mathrm{C}_2\left(\dfrac{1}{3}\right)^2\left(\dfrac{2}{3}\right)^1 = 3 \times \dfrac{1}{9} \times \dfrac{2}{3} = \dfrac{2}{9}$

5-1 답 (1) $\mathrm{P}(X=x) = {}_{10}\mathrm{C}_x\left(\dfrac{1}{2}\right)^{10}$ ($x=0, 1, 2, \cdots, 10$)

(2) $\dfrac{15}{128}$

(1) 주사위를 던지는 시행은 독립시행이고, 소수의 눈이 나올 확률

이 $\dfrac{1}{2}$이므로 확률변수 X는 이항분포 $\mathrm{B}\left(10, \dfrac{1}{2}\right)$을 따른다.

따라서 확률변수 X의 확률질량함수는

$$\mathrm{P}(X=x) = {}_{10}\mathrm{C}_x\left(\dfrac{1}{2}\right)^x\left(\dfrac{1}{2}\right)^{10-x}$$

$$= {}_{10}\mathrm{C}_x\left(\dfrac{1}{2}\right)^{10} \ (x=0, 1, 2, \cdots, 10)$$

(2) $\mathrm{P}(X=3) = {}_{10}\mathrm{C}_3\left(\dfrac{1}{2}\right)^{10} = 120 \times \left(\dfrac{1}{2}\right)^{10} = \dfrac{15}{128}$

5-2 답 $\dfrac{81}{128}$

룰렛 게임을 하는 시행은 독립시행이고, 성공할 확률이 $\dfrac{3}{4}$이므

로 확률변수 X는 이항분포 $\mathrm{B}\left(5, \dfrac{3}{4}\right)$을 따른다.

따라서 확률변수 X의 확률질량함수는

$$\mathrm{P}(X=x) = {}_5\mathrm{C}_x\left(\dfrac{3}{4}\right)^x\left(\dfrac{1}{4}\right)^{5-x} \ (x=0, 1, 2, 3, 4, 5)$$

$$\therefore \mathrm{P}(X \geq 4) = \mathrm{P}(X=4) + \mathrm{P}(X=5)$$

$$= {}_5\mathrm{C}_4\left(\dfrac{3}{4}\right)^4\left(\dfrac{1}{4}\right)^1 + {}_5\mathrm{C}_5\left(\dfrac{3}{4}\right)^5\left(\dfrac{1}{4}\right)^0$$

$$= 5 \times \dfrac{81}{256} \times \dfrac{1}{4} + 1 \times \dfrac{243}{1024} \times 1$$

$$= \dfrac{81}{128}$$

5-3 답 5

확률변수 X가 이항분포 $\mathrm{B}\left(n, \dfrac{2}{3}\right)$를 따르므로 확률변수 X의

확률질량함수는

$$\mathrm{P}(X=x) = {}_n\mathrm{C}_x\left(\dfrac{2}{3}\right)^x\left(\dfrac{1}{3}\right)^{n-x} \ (x=0, 1, 2, \cdots, n)$$

$\mathrm{P}(X=1) = \dfrac{10}{243}$에서

$${}_n\mathrm{C}_1\left(\dfrac{2}{3}\right)^1\left(\dfrac{1}{3}\right)^{n-1} = \dfrac{10}{243}$$

$$n \times \dfrac{2}{3} \times \left(\dfrac{1}{3}\right)^{n-1} = \dfrac{10}{243}$$

$$\dfrac{2n}{3^n} = \dfrac{2 \times 5}{3^5}$$

$$\therefore n = 5$$

필수 예제 6 답 (1) 720 (2) 144 (3) 12

씨앗의 발아율이 0.8이므로 확률변수 X는 이항분포

$\mathrm{B}(900, 0.8)$을 따른다.

(1) $\mathrm{E}(X) = 900 \times 0.8 = 720$

(2) $\mathrm{V}(X) = 900 \times 0.8 \times (1-0.8) = 144$

(3) $\sigma(X) = \sqrt{144} = 12$

6-1 답 (1) 6 (2) 4 (3) 2

A, B가 가위바위보를 한 번 할 때, A가 이길 확률은 $\dfrac{1}{3}$이므로

확률변수 X는 이항분포 $\mathrm{B}\left(18, \dfrac{1}{3}\right)$을 따른다.

(1) $\mathrm{E}(X) = 18 \times \dfrac{1}{3} = 6$

(2) $\mathrm{V}(X) = 18 \times \dfrac{1}{3} \times \left(1 - \dfrac{1}{3}\right) = 4$

(3) $\sigma(X) = \sqrt{4} = 2$

6-2 답 120

확률변수 X는 이항분포 $\mathrm{B}\left(500, \dfrac{2}{5}\right)$를 따르므로 X의 분산은

$$\mathrm{V}(X) = 500 \times \dfrac{2}{5} \times \left(1 - \dfrac{2}{5}\right) = 120$$

6-3 답 4

$\mathrm{E}(X) = 8$이므로

$$16 \times p = 8 \qquad \therefore p = \dfrac{1}{2}$$

따라서

$$\mathrm{V}(X) = 16 \times \dfrac{1}{2} \times \left(1 - \dfrac{1}{2}\right) = 4$$

이므로

$$\mathrm{V}(2X-1) = 2^2\mathrm{V}(X) = 4 \times 4 = 16$$

$$\therefore \sigma(2X-1) = \sqrt{16} = 4$$

실전 문제로 단원 마무리 • 본문 62~63쪽

01 ⑤ **02** ① **03** 4 **04** ⑤

05 ② **06** 6 **07** ③ **08** ①

09 ③ **10** ④

01

확률변수 X의 확률분포를 표로 나타내면 다음과 같다.

X	-1	0	1	2	합계
$\mathrm{P}(X=x)$	$a + \dfrac{1}{8}$	a	$a + \dfrac{1}{8}$	$a + \dfrac{1}{4}$	1

확률의 총합은 1이므로

$$\left(a+\frac{1}{8}\right)+a+\left(a+\frac{1}{8}\right)+\left(a+\frac{1}{4}\right)=1$$

$$4a=\frac{1}{2} \qquad \therefore a=\frac{1}{8}$$

$$\therefore P(X\geq1)=P(X=1)+P(X=2)$$
$$=\frac{1}{4}+\frac{3}{8}=\frac{5}{8}$$

02

확률변수 X가 가질 수 있는 값은 0, 1, 2, 3, 4, 5이다.

$X^2-10X+24\leq0$에서

$(X-4)(X-6)\leq0$

$4\leq X\leq6$

$\therefore X=4$ 또는 $X=5$ ($\because X=0, 1, 2, 3, 4, 5$)

서로 다른 두 개의 주사위를 동시에 던질 때 나오는 모든 경우의 수는

$6\times6=36$

(i) $X=4$인 경우

$(1, 5), (2, 6), (5, 1), (6, 2)$의 4가지

$$\therefore P(X=4)=\frac{4}{36}=\frac{1}{9}$$

(ii) $X=5$인 경우

$(1, 6), (6, 1)$의 2가지

$$\therefore P(X=5)=\frac{2}{36}=\frac{1}{18}$$

(i), (ii)에서

$$P(X^2-10X+24\leq0)=P(X=4)+P(X=5)$$
$$=\frac{1}{9}+\frac{1}{18}$$
$$=\frac{1}{6}$$

03

확률변수 X가 가질 수 있는 값은 0, 1, 2, 3이고, X의 확률질량함수는

$$P(X=x)={}_3C_x\left(\frac{2}{3}\right)^x\left(\frac{1}{3}\right)^{3-x} (x=0, 1, 2, 3)$$

$$\therefore P(X=0)={}_3C_0\left(\frac{2}{3}\right)^0\left(\frac{1}{3}\right)^3=1\times1\times\frac{1}{27}=\frac{1}{27},$$

$$P(X=1)={}_3C_1\left(\frac{2}{3}\right)^1\left(\frac{1}{3}\right)^2=3\times\frac{2}{3}\times\frac{1}{9}=\frac{2}{9},$$

$$P(X=2)={}_3C_2\left(\frac{2}{3}\right)^2\left(\frac{1}{3}\right)^1=3\times\frac{4}{9}\times\frac{1}{3}=\frac{4}{9},$$

$$P(X=3)={}_3C_3\left(\frac{2}{3}\right)^3\left(\frac{1}{3}\right)^0=1\times\frac{8}{27}\times1=\frac{8}{27}$$

즉, 확률변수 X의 확률분포를 표로 나타내면 다음과 같다.

X	0	1	2	3	합계
$P(X=x)$	$\frac{1}{27}$	$\frac{2}{9}$	$\frac{4}{9}$	$\frac{8}{27}$	1

따라서 $V(X)=E(X^2)-\{E(X)\}^2$에서

$E(X^2)-V(X)=\{E(X)\}^2$

$$=\left(0\times\frac{1}{27}+1\times\frac{2}{9}+2\times\frac{4}{9}+3\times\frac{8}{27}\right)^2$$
$$=4$$

04

확률변수 X의 확률분포를 표로 나타내면 다음과 같다.

X	1	2	3	4	합계
$P(X=x)$	$\frac{n}{n+4}$	$\frac{2}{n+4}$	$\frac{1}{n+4}$	$\frac{1}{n+4}$	1

$E(X)=\frac{13}{6}$에서

$$1\times\frac{n}{n+4}+2\times\frac{2}{n+4}+3\times\frac{1}{n+4}+4\times\frac{1}{n+4}=\frac{13}{6}$$

$$\frac{n+11}{n+4}=\frac{13}{6}, 6n+66=13n+52$$

$7n=14$

$\therefore n=2$

따라서

$$E(X^2)=1^2\times\frac{1}{3}+2^2\times\frac{1}{3}+3^2\times\frac{1}{6}+4^2\times\frac{1}{6}=\frac{35}{6}$$

이므로

$$V(X)=E(X^2)-\{E(X)\}^2=\frac{35}{6}-\left(\frac{13}{6}\right)^2=\frac{41}{36}$$

05

$E(aX+b)=30$에서

$aE(X)+b=30$

$\therefore 5a+b=30 \qquad\cdots\cdots\ ㉠$

$V(aX+b)=40$에서

$a^2V(X)=40, 10a^2=40$

$\therefore a=2 (\because a>0)$

$a=2$를 ㉠에 대입하면

$10+b=30$

$\therefore b=20$

$\therefore a+b=2+20=22$

06

확률변수 X가 가질 수 있는 값은 2, 3, 4이고, X의 확률질량함수는

$$P(X=x)=\frac{{}_{x-1}C_1\times{}_{5-x}C_1}{{}_5C_3}=\frac{(x-1)(5-x)}{10} (x=2, 3, 4)$$

$$\therefore P(X=2)=\frac{1\times3}{10}=\frac{3}{10},$$

$$P(X=3)=\frac{2\times2}{10}=\frac{2}{5},$$

$$P(X=4)=\frac{3\times1}{10}=\frac{3}{10}$$

즉, 확률변수 X의 확률분포를 표로 나타내면 다음과 같다.

X	2	3	4	합계
$P(X=x)$	$\frac{3}{10}$	$\frac{2}{5}$	$\frac{3}{10}$	1

따라서

$$E(X)=2\times\frac{3}{10}+3\times\frac{2}{5}+4\times\frac{3}{10}=3$$

이므로 확률변수 $Y=\frac{1}{3}X+5$의 평균은

$$E(Y)=E\left(\frac{1}{3}X+5\right)=\frac{1}{3}E(X)+5=\frac{1}{3}\times3+5=6$$

07

$$_{10}\mathrm{C}_x\left(\frac{3^x}{2^{20}}\right)=_{10}\mathrm{C}_x\left(\frac{3^x}{4^{10}}\right)$$
$$=_{10}\mathrm{C}_x\left(\frac{3^x}{4^x\times4^{10-x}}\right)$$
$$=_{10}\mathrm{C}_x\left(\frac{3^x}{4^x}\times\frac{1}{4^{10-x}}\right)$$
$$=_{10}\mathrm{C}_x\left(\frac{3}{4}\right)^x\left(\frac{1}{4}\right)^{10-x}$$

따라서 확률변수 X는 이항분포 $\mathrm{B}\left(10,\frac{3}{4}\right)$을 따르므로

$n=10$, $p=\frac{3}{4}$

$\therefore n+p=\frac{43}{4}$

08

확률변수 X는 이항분포 $\mathrm{B}(25,0.2)$를 따르므로
$\mathrm{V}(X)=25\times0.2\times(1-0.2)=4$
$\therefore \mathrm{V}\left(\frac{1}{2}X+1\right)=\left(\frac{1}{2}\right)^2\mathrm{V}(X)=\frac{1}{4}\times4=1$

09

$\mathrm{E}(X)=-1$에서
$-3\times\frac{1}{2}+0\times\frac{1}{4}+a\times\frac{1}{4}=-1$
$\frac{1}{4}a=\frac{1}{2}$
$\therefore a=2$
따라서
$$\mathrm{V}(X)=\{-3-(-1)\}^2\times\frac{1}{2}+\{0-(-1)\}^2\times\frac{1}{4}$$
$$+\{2-(-1)\}^2\times\frac{1}{4}$$
$$=\frac{9}{2}$$
이므로
$$\mathrm{V}(aX)=\mathrm{V}(2X)=2^2\mathrm{V}(X)$$
$$=4\times\frac{9}{2}=18$$

다른 풀이

$$\mathrm{E}(X^2)=(-3)^2\times\frac{1}{2}+0^2\times\frac{1}{4}+2^2\times\frac{1}{4}=\frac{11}{2}$$
$$\therefore \mathrm{V}(X)=\mathrm{E}(X^2)-\{\mathrm{E}(X)\}^2$$
$$=\frac{11}{2}-(-1)^2=\frac{9}{2}$$

10

확률변수 X가 이항분포 $\mathrm{B}\left(n,\frac{1}{3}\right)$을 따르므로

$\mathrm{E}(X)=n\times\frac{1}{3}=\frac{n}{3}$

$\mathrm{E}(3X-1)=17$이므로
$3\mathrm{E}(X)-1=17$
$3\times\frac{n}{3}-1=17$
$\therefore n=18$
$\therefore \mathrm{V}(X)=18\times\frac{1}{3}\times\left(1-\frac{1}{3}\right)=4$

1 답 (1) 확률변수, 확률분포　(2) 이산확률변수
　　(3) $\mathrm{E}(X)$, $\{\mathrm{E}(X)\}^2$, $\sqrt{\mathrm{V}(X)}$
　　(4) a, a^2, $|a|$　(5) 이항분포, $\mathrm{B}(n,p)$
　　(6) n, np

2 답 (1) ○　(2) ○　(3) ○　(4) ✕

(1) $\mathrm{E}(X)=0\times\frac{2}{5}+1\times\frac{1}{5}+2\times\frac{2}{5}=1$

　　$\therefore \mathrm{V}(X)=(0-1)^2\times\frac{2}{5}+(1-1)^2\times\frac{1}{5}+(2-1)^2\times\frac{2}{5}$

　　　　$=\frac{4}{5}$

(2) $\mathrm{E}(2X-1)=2\mathrm{E}(X)-1=2\times5-1=9$

(3) $_5\mathrm{C}_x\left(\frac{1}{2}\right)^x\left(1-\frac{1}{2}\right)^{5-x}=_5\mathrm{C}_x\left(\frac{1}{2}\right)^5$ $(x=0,1,2,3,4,5)$

(4) $\mathrm{V}(X)=36\times\frac{1}{3}\times\left(1-\frac{1}{3}\right)=8$

06 연속확률변수의 확률분포

본문 67쪽

교과서 개념 확인하기

1 답 (1) 1 (2) $\dfrac{3}{4}$

(1) $P(0 \le X \le 4)$는 함수 $y=f(x)$의 그래프와 x축 및 두 직선 $x=0$, $x=4$로 둘러싸인 도형의 넓이와 같으므로

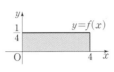

$4 \times \dfrac{1}{4} = 1$

다른 풀이

연속확률변수 X의 확률밀도함수의 정의역이 $0 \le x \le 4$이므로 함수 $y=f(x)$의 그래프와 x축 및 두 직선 $x=0$, $x=4$로 둘러싸인 도형의 넓이는 1이다.

∴ $P(0 \le X \le 4) = 1$

(2) $P(0 \le X \le 3)$은 함수 $y=f(x)$의 그래프와 x축 및 두 직선 $x=0$, $x=3$으로 둘러싸인 도형의 넓이와 같으므로

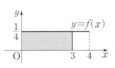

$3 \times \dfrac{1}{4} = \dfrac{3}{4}$

2 답 (1) $N(5, 2^2)$ (2) $N(10, 3^2)$

(1) $m=E(X)=5$, $\sigma^2=V(X)=4=2^2$이므로
$N(5, 2^2)$

(2) $m=E(X)=10$, $\sigma^2=V(X)=9=3^2$이므로
$N(10, 3^2)$

3 답 (1) 0.9332 (2) 0.0228 (3) 0.1359 (4) 0.6247

(1) $P(Z \le 1.5)$
$= P(Z \le 0) + P(0 \le Z \le 1.5)$
$= 0.5 + 0.4332$
$= 0.9332$

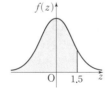

(2) $P(Z \ge 2)$
$= P(Z \ge 0) - P(0 \le Z \le 2)$
$= 0.5 - 0.4772$
$= 0.0228$

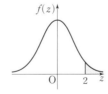

(3) $P(1 \le Z \le 2)$
$= P(0 \le Z \le 2) - P(0 \le Z \le 1)$
$= 0.4772 - 0.3413$
$= 0.1359$

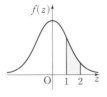

(4) $P(-1.5 \le Z \le 0.5)$
$= P(-1.5 \le Z \le 0) + P(0 \le Z \le 0.5)$
$= P(0 \le Z \le 1.5) + P(0 \le Z \le 0.5)$
$= 0.4332 + 0.1915$
$= 0.6247$

플러스 강의

표준정규분포 $N(0, 1)$을 따르는 확률변수 Z에 대하여 다음이 성립한다. (단, $0 < a < b$)
(1) $P(Z \ge 0) = P(Z \le 0) = 0.5$
(2) $P(0 \le Z \le a) = P(-a \le Z \le 0)$
(3) $P(a \le Z \le b) = P(0 \le Z \le b) - P(0 \le Z \le a)$
(4) $P(Z \ge a) = P(Z \ge 0) - P(0 \le Z \le a) = 0.5 - P(0 \le Z \le a)$
(5) $P(Z \le a) = P(Z \le 0) + P(0 \le Z \le a) = 0.5 + P(0 \le Z \le a)$
(6) $P(-a \le Z \le b) = P(-a \le Z \le 0) + P(0 \le Z \le b)$
$\qquad\qquad\qquad = P(0 \le Z \le a) + P(0 \le Z \le b)$

4 답 (1) $Z = \dfrac{X-25}{2}$ (2) $Z = \dfrac{X-30}{4}$

(1) $m=25$, $\sigma=2$이므로
$Z = \dfrac{X-25}{2}$

(2) $m=30$, $\sigma=4$이므로
$Z = \dfrac{X-30}{4}$

5 답 (1) $N(50, 5^2)$ (2) $N(60, 6^2)$

(1) $n=100$, $p=\dfrac{1}{2}$이므로

$E(X) = 100 \times \dfrac{1}{2} = 50$,

$V(X) = 100 \times \dfrac{1}{2} \times \left(1 - \dfrac{1}{2}\right) = 25 = 5^2$

∴ $N(50, 5^2)$

(2) $n=150$, $p=\dfrac{2}{5}$이므로

$E(X) = 150 \times \dfrac{2}{5} = 60$,

$V(X) = 150 \times \dfrac{2}{5} \times \left(1 - \dfrac{2}{5}\right) = 36 = 6^2$

∴ $N(60, 6^2)$

교과서 예제로 개념 익히기

• 본문 68~73쪽

필수 예제 1 답 $\dfrac{3}{4}$

함수 $y=f(x)$의 그래프와 x축 및 직선 $x=2$로 둘러싸인 도형의 넓이가 1이므로

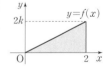

$\dfrac{1}{2} \times 2 \times 2k = 1$

∴ $k = \dfrac{1}{2}$

$P(1 \le X \le 2)$는 함수 $y=f(x)$의 그래프와 x축 및 두 직선 $x=1$, $x=2$로 둘러싸인 도형의 넓이와 같으므로

$P(1 \le X \le 2) = \dfrac{1}{2} \times \left(\dfrac{1}{2} + 1\right) \times 1$

$\qquad\qquad\quad = \dfrac{3}{4}$

다른 풀이

함수 $y=f(x)$의 그래프와 x축 및 직선 $x=2$로 둘러싸인 도형의 넓이가 1이므로

$$P(1 \leq X \leq 2) = P(0 \leq X \leq 2) - P(0 \leq X \leq 1)$$
$$= 1 - \frac{1}{2} \times 1 \times \frac{1}{2} = \frac{3}{4}$$

1-1 답 $\frac{1}{2}$

함수 $y=f(x)$의 그래프와 x축 및 직선
$x=4$로 둘러싸인 도형의 넓이가 1이므로

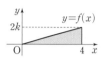

$$\frac{1}{2} \times 4 \times 2k = 1$$
$$\therefore k = \frac{1}{4}$$

$P(1 \leq X \leq 3)$은 함수 $y=f(x)$의 그래
프와 x축 및 두 직선 $x=1$, $x=3$으로
둘러싸인 도형의 넓이와 같으므로

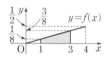

$$P(1 \leq X \leq 3) = \frac{1}{2} \times \left(\frac{1}{8} + \frac{3}{8} \right) \times 2 = \frac{1}{2}$$

1-2 답 2

$0 \leq x \leq 3$에서 확률밀도함수 $y=f(x)$
의 그래프는 오른쪽 그림과 같다.
이때 $P(1 \leq X \leq k)$는 함수 $y=f(x)$
의 그래프와 x축 및 두 직선 $x=1$,
$x=k$로 둘러싸인 도형의 넓이와 같고,

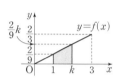

$P(1 \leq X \leq k) = \frac{1}{3}$이므로

$$\frac{1}{2} \times \left(\frac{2}{9} + \frac{2}{9}k \right) \times (k-1) = \frac{1}{3}$$
$$(k+1)(k-1) = 3$$
$$k^2 - 1 = 3$$
$$k^2 = 4$$
$$\therefore k = 2 \ (\because k \geq 1)$$

1-3 답 $\frac{7}{8}$

$0 \leq x \leq 2$에서 확률밀도함수 $y=f(x)$의
그래프는 오른쪽 그림과 같다.

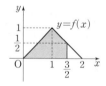

$P\left(0 \leq X \leq \frac{3}{2} \right)$은 함수 $y=f(x)$의 그래프
와 x축 및 직선 $x=\frac{3}{2}$으로 둘러싸인 도형
의 넓이와 같으므로

$$P\left(0 \leq X \leq \frac{3}{2} \right) = P(0 \leq X \leq 1) + P\left(1 \leq X \leq \frac{3}{2} \right)$$
$$= \frac{1}{2} \times 1 \times 1 + \frac{1}{2} \times \left(1 + \frac{1}{2} \right) \times \frac{1}{2}$$
$$= \frac{1}{2} + \frac{3}{8} = \frac{7}{8}$$

다른 풀이

함수 $y=f(x)$의 그래프와 x축으로 둘러싸인 도형의 넓이가 1
이므로

$$P\left(0 \leq X \leq \frac{3}{2} \right) = P(0 \leq X \leq 2) - P\left(\frac{3}{2} \leq X \leq 2 \right)$$
$$= 1 - \frac{1}{2} \times \frac{1}{2} \times \frac{1}{2}$$
$$= 1 - \frac{1}{8} = \frac{7}{8}$$

필수 예제 2 답 16

정규분포 $N(m, \sigma^2)$을 따르는 확률밀도
함수의 그래프는 직선 $x=m$에 대하여
대칭이다.

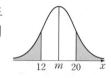

$P(X \leq 12) = P(X \geq 20)$이므로
$$m = \frac{12+20}{2} = 16$$

2-1 답 20

정규분포 $N(12, 2^2)$을 따르는 확률밀도
함수의 그래프는 직선 $x=12$에 대하여
대칭이다.

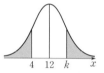

$P(X \leq 4) = P(X \geq k)$이므로
$$\frac{4+k}{2} = 12, \ 4+k = 24$$
$$\therefore k = 20$$

2-2 답 13

정규분포 $N(15, 3^2)$을 따르는 확률밀도
함수의 그래프는 직선 $x=15$에 대하여
대칭인 종 모양이고, $x=15$에서 최댓값
을 갖는다.

즉, 두 직선 $x=k$, $x=k+4$가 직선 $x=15$에 대하여 대칭일
때 $P(k \leq X \leq k+4)$가 최대이므로
$$\frac{k+(k+4)}{2} = 15, \ 2k+4 = 30$$
$$2k = 26 \quad \therefore k = 13$$

2-3 답 ④

곡선의 대칭축의 x좌표가 평균이므로 평균이 가장 큰 것은 ㉣
이다.
표준편차가 커지면 곡선의 가운데 부분의 높이가 낮아지면서
옆으로 퍼지므로 표준편차가 가장 큰 것은 ㉠이다.

필수 예제 3 답 0.1359

정규분포 $N(13, \sigma^2)$을 따르는 확률밀도
함수의 그래프는 직선 $x=13$에 대하여
대칭이므로

$$P(9 \leq X \leq 11)$$
$$= P(9 \leq X \leq 15) - P(11 \leq X \leq 15)$$
$$= P(9 \leq X \leq 15) - \{P(11 \leq X \leq 13) + P(13 \leq X \leq 15)\}$$
$$= P(9 \leq X \leq 15) - \{P(13 \leq X \leq 15) + P(13 \leq X \leq 15)\}$$
$$= P(9 \leq X \leq 15) - 2P(13 \leq X \leq 15)$$
$$= 0.8185 - 2 \times 0.3413 = 0.1359$$

3-1 답 0.0919

정규분포 $N(50, \sigma^2)$을 따르는 확률밀도
함수의 그래프는 직선 $x=50$에 대하여
대칭이므로

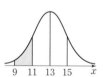

$$P(52 \leq X \leq 53)$$
$$= \frac{1}{2} \{ P(47 \leq X \leq 53) - P(48 \leq X \leq 52) \}$$
$$= \frac{1}{2} \times (0.8664 - 0.6826) = 0.0919$$

3-2 답 0.68

정규분포 $N(m, \sigma^2)$을 따르는 확률밀도
함수의 그래프는 직선 $x=m$에 대하여
대칭이므로

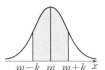

$P(m-k \le X \le m+k)$
$=1-\{P(X \le m-k)+P(X \ge m+k)\}$
$=1-\{P(X \ge m+k)+P(X \ge m+k)\}$
$=1-2P(X \ge m+k)$
$=1-2 \times 0.16$
$=0.68$

3-3 답 ④

정규분포 $N(10, \sigma^2)$을 따르는 확률밀도
함수의 그래프는 직선 $x=10$에 대하여
대칭이므로

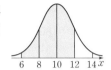

$P(6 \le X \le 12)$
$=P(6 \le X \le 10)+P(10 \le X \le 12)$
$=\dfrac{1}{2}P(6 \le X \le 14)+P(8 \le X \le 10)$
$=\dfrac{1}{2}b+a$
$=\dfrac{2a+b}{2}$

필수 예제 4 답 0.8185

확률변수 X가 정규분포 $N(40, 10^2)$을 따르므로 $Z=\dfrac{X-40}{10}$
이라 하면 확률변수 Z는 표준정규분포 $N(0, 1)$을 따른다.

$\therefore P(30 \le X \le 60)=P\left(\dfrac{30-40}{10} \le \dfrac{X-40}{10} \le \dfrac{60-40}{10}\right)$
$\qquad\qquad\qquad = P(-1 \le Z \le 2)$
$\qquad\qquad\qquad = P(-1 \le Z \le 0)+P(0 \le Z \le 2)$
$\qquad\qquad\qquad = P(0 \le Z \le 1)+P(0 \le Z \le 2)$
$\qquad\qquad\qquad = 0.3413+0.4772$
$\qquad\qquad\qquad = 0.8185$

4-1 답 0.8351

확률변수 X가 정규분포 $N(30, 4^2)$을 따르므로 $Z=\dfrac{X-30}{4}$
이라 하면 확률변수 Z는 표준정규분포 $N(0, 1)$을 따른다.

$\therefore P(20 \le X \le 34)=P\left(\dfrac{20-30}{4} \le \dfrac{X-30}{4} \le \dfrac{34-30}{4}\right)$
$\qquad\qquad\qquad = P(-2.5 \le Z \le 1)$
$\qquad\qquad\qquad = P(-2.5 \le Z \le 0)+P(0 \le Z \le 1)$
$\qquad\qquad\qquad = P(0 \le Z \le 2.5)+P(0 \le Z \le 1)$
$\qquad\qquad\qquad = 0.4938+0.3413$
$\qquad\qquad\qquad = 0.8351$

4-2 답 0.0456

확률변수 X가 정규분포 $N(50, 2^2)$을 따르므로 $Z=\dfrac{X-50}{2}$
이라 하면 확률변수 Z는 표준정규분포 $N(0, 1)$을 따른다.

$\therefore P(|X| \ge 54)=P\left(\left|\dfrac{X-50}{2}\right| \ge \dfrac{54-50}{2}\right)$
$\qquad\qquad\quad = P(|Z| \ge 2)$
$\qquad\qquad\quad = P(Z \le -2 \text{ 또는 } Z \ge 2)$
$\qquad\qquad\quad = P(Z \le -2)+P(Z \ge 2)$
$\qquad\qquad\quad = P(Z \ge 2)+P(Z \ge 2)$
$\qquad\qquad\quad = 2P(Z \ge 2)$
$\qquad\qquad\quad = 2\{P(Z \ge 0)-P(0 \le Z \le 2)\}$
$\qquad\qquad\quad = 2 \times (0.5-0.4772)$
$\qquad\qquad\quad = 0.0456$

4-3 답 46

확률변수 X가 정규분포 $N(40, 3^2)$을 따르므로 $Z=\dfrac{X-40}{3}$
이라 하면 확률변수 Z는 표준정규분포 $N(0, 1)$을 따른다.
$P(37 \le X \le k)=0.8185$에서

$P(37 \le X \le k)=P\left(\dfrac{37-40}{3} \le \dfrac{X-40}{3} \le \dfrac{k-40}{3}\right)$
$\qquad\qquad\qquad = P\left(-1 \le Z \le \dfrac{k-40}{3}\right)$
$\qquad\qquad\qquad = P(-1 \le Z \le 0)+P\left(0 \le Z \le \dfrac{k-40}{3}\right)$
$\qquad\qquad\qquad = P(0 \le Z \le 1)+P\left(0 \le Z \le \dfrac{k-40}{3}\right)$
$\qquad\qquad\qquad = 0.3413+P\left(0 \le Z \le \dfrac{k-40}{3}\right)$
$\qquad\qquad\qquad = 0.8185$

$\therefore P\left(0 \le Z \le \dfrac{k-40}{3}\right)=0.4772$

이때 주어진 표준정규분포표에서 $P(0 \le Z \le 2)=0.4772$이므로
$\dfrac{k-40}{3}=2$
$k-40=6$
$\therefore k=46$

필수 예제 5 답 0.5328

이 공장에서 생산되는 음료수 한 개의 무게를 확률변수 X라 하
면 X는 정규분포 $N(500, 20^2)$을 따르므로 $Z=\dfrac{X-500}{20}$이
라 하면 확률변수 Z는 표준정규분포 $N(0, 1)$을 따른다.
따라서 구하는 확률은
$P(490 \le X \le 520)$
$=P\left(\dfrac{490-500}{20} \le \dfrac{X-500}{20} \le \dfrac{520-500}{20}\right)$
$=P(-0.5 \le Z \le 1)$
$=P(-0.5 \le Z \le 0)+P(0 \le Z \le 1)$
$=P(0 \le Z \le 0.5)+P(0 \le Z \le 1)$
$=0.1915+0.3413$
$=0.5328$

5-1 답 0.8185

이 고등학교 학생의 등교 시간을 확률변수 X라 하면 X는 정
규분포 $N(60, 10^2)$을 따르므로 $Z=\dfrac{X-60}{10}$이라 하면 확률
변수 Z는 표준정규분포 $N(0, 1)$을 따른다.

따라서 구하는 확률은

$$P(40 \leq X \leq 70) = P\left(\frac{40-60}{10} \leq \frac{X-60}{10} \leq \frac{70-60}{10}\right)$$
$$= P(-2 \leq Z \leq 1)$$
$$= P(-2 \leq Z \leq 0) + P(0 \leq Z \leq 1)$$
$$= P(0 \leq Z \leq 2) + P(0 \leq Z \leq 1)$$
$$= 0.4772 + 0.3413 = 0.8185$$

5-2 답 0.0896

이 100 m 달리기 대회에 참가한 선수의 기록을 확률변수 X라 하면 X는 정규분포 $N(12, 0.5^2)$을 따르므로 $Z = \frac{X-12}{0.5}$라 하면 확률변수 Z는 표준정규분포 $N(0, 1)$을 따른다.

따라서 구하는 확률은

$P(X \leq 11.25$ 또는 $X \geq 13)$
$$= P(X \leq 11.25) + P(X \geq 13)$$
$$= P\left(\frac{X-12}{0.5} \leq \frac{11.25-12}{0.5}\right) + P\left(\frac{X-12}{0.5} \geq \frac{13-12}{0.5}\right)$$
$$= P(Z \leq -1.5) + P(Z \geq 2)$$
$$= P(Z \geq 1.5) + P(Z \geq 2)$$
$$= \{P(Z \geq 0) - P(0 \leq Z \leq 1.5)\}$$
$$\quad\quad + \{P(Z \geq 0) - P(0 \leq Z \leq 2)\}$$
$$= (0.5 - 0.4332) + (0.5 - 0.4772)$$
$$= 0.0896$$

5-3 답 130

이 과수원에서 재배하는 배 한 개의 무게를 확률변수 X라 하면 X는 정규분포 $N(m, 10^2)$을 따르므로 $Z = \frac{X-m}{10}$이라 하면 확률변수 Z는 표준정규분포 $N(0, 1)$을 따른다.

이 농장에서 재배하는 배 중에서 임의로 택한 배 한 개의 무게가 155 g 이하일 확률이 0.9938이므로

$P(X \leq 155) = 0.9938$에서

$$P(X \leq 155) = P\left(\frac{X-m}{10} \leq \frac{155-m}{10}\right)$$
$$= P\left(Z \leq \frac{155-m}{10}\right)$$
$$= P(Z \leq 0) + P\left(0 \leq Z \leq \frac{155-m}{10}\right)$$
$$= 0.5 + P\left(0 \leq Z \leq \frac{155-m}{10}\right)$$
$$= 0.9938$$

$$\therefore P\left(0 \leq Z \leq \frac{155-m}{10}\right) = 0.4938$$

이때 주어진 표준정규분포표에서 $P(0 \leq Z \leq 2.5) = 0.4938$이 므로

$$\frac{155-m}{10} = 2.5, \ 155 - m = 25$$

$$\therefore m = 130$$

필수 예제 6 답 0.9544

$$E(X) = 100 \times \frac{1}{2} = 50,$$
$$V(X) = 100 \times \frac{1}{2} \times \left(1 - \frac{1}{2}\right) = 25 = 5^2$$

이때 100은 충분히 큰 수이므로 확률변수 X는 근사적으로 정규분포 $N(50, 5^2)$을 따르고, $Z = \frac{X-50}{5}$이라 하면 확률변수 Z는 표준정규분포 $N(0, 1)$을 따른다.

$$\therefore P(40 \leq X \leq 60) = P\left(\frac{40-50}{5} \leq \frac{X-50}{5} \leq \frac{60-50}{5}\right)$$
$$= P(-2 \leq Z \leq 2)$$
$$= P(-2 \leq Z \leq 0) + P(0 \leq Z \leq 2)$$
$$= P(0 \leq Z \leq 2) + P(0 \leq Z \leq 2)$$
$$= 2P(0 \leq Z \leq 2)$$
$$= 2 \times 0.4772$$
$$= 0.9544$$

6-1 답 0.1587

$$E(X) = 180 \times \frac{5}{6} = 150,$$
$$V(X) = 180 \times \frac{5}{6} \times \left(1 - \frac{5}{6}\right) = 25 = 5^2$$

이때 180은 충분히 큰 수이므로 확률변수 X는 근사적으로 정 규분포 $N(150, 5^2)$을 따르고, $Z = \frac{X-150}{5}$이라 하면 확률변수 Z는 표준정규분포 $N(0, 1)$을 따른다.

$$\therefore P(X \leq 145) = P\left(\frac{X-150}{5} \leq \frac{145-150}{5}\right)$$
$$= P(Z \leq -1)$$
$$= P(Z \geq 1)$$
$$= P(Z \geq 0) - P(0 \leq Z \leq 1)$$
$$= 0.5 - 0.3413$$
$$= 0.1587$$

6-2 답 0.1359

확률변수 X는 이항분포 $B\left(162, \frac{2}{3}\right)$를 따르므로

$$E(X) = 162 \times \frac{2}{3} = 108,$$
$$V(X) = 162 \times \frac{2}{3} \times \left(1 - \frac{2}{3}\right) = 36 = 6^2$$

이때 162는 충분히 큰 수이므로 확률변수 X는 근사적으로 정 규분포 $N(108, 6^2)$을 따르고, $Z = \frac{X-108}{6}$이라 하면 확률변 수 Z는 표준정규분포 $N(0, 1)$을 따른다.

$\therefore P(114 \leq X \leq 120)$
$$= P\left(\frac{114-108}{6} \leq \frac{X-108}{6} \leq \frac{120-108}{6}\right)$$
$$= P(1 \leq Z \leq 2)$$
$$= P(0 \leq Z \leq 2) - P(0 \leq Z \leq 1)$$
$$= 0.4772 - 0.3413$$
$$= 0.1359$$

6-3 답 0.6915

임의로 택한 이 고등학교 학생 100명 중에서 버스를 타고 등교 하는 학생 수를 확률변수 X라 하면 X는 이항분포 $B(100, 0.8)$을 따르므로

$E(X) = 100 \times 0.8 = 80,$
$V(X) = 100 \times 0.8 \times (1 - 0.8) = 16 = 4^2$

이때 100은 충분히 큰 수이므로 확률변수 X는 근사적으로 정규분포 $\mathrm{N}(80, 4^2)$을 따르고, $Z=\dfrac{X-80}{4}$이라 하면 확률변수 Z는 표준정규분포 $\mathrm{N}(0, 1)$을 따른다.

따라서 구하는 확률은

$$\begin{aligned}
\mathrm{P}(X \le 82) &= \mathrm{P}\left(\frac{X-80}{4} \le \frac{82-80}{4}\right) \\
&= \mathrm{P}(Z \le 0.5) \\
&= \mathrm{P}(Z \le 0) + \mathrm{P}(0 \le Z \le 0.5) \\
&= 0.5 + 0.1915 \\
&= 0.6915
\end{aligned}$$

실전 문제로 **단원 마무리**

• 본문 74~77쪽

01 ②	**02** ④	**03** ③	**04** ①
05 ④	**06** ①	**07** ③	**08** ⑤
09 ③	**10** ⑤		

01

함수 $y=f(x)$의 그래프는 k의 값에 관계없이 항상 점 $(3, 0)$을 지나므로 함수 $y=f(x)$의 그래프는 오른쪽 그림과 같다.

한편, 함수 $y=f(x)$의 그래프와 x축 및 직선 $x=1$로 둘러싸인 도형의 넓이가 1이므로

$$\frac{1}{2} \times (3-1) \times 2k = 1$$

$$2k=1 \qquad \therefore k=\frac{1}{2}$$

$$\therefore f(x) = \frac{1}{2}(3-x)$$

따라서 $\mathrm{P}(1 \le X \le 2)$는 함수 $y=f(x)$의 그래프와 x축 및 두 직선 $x=1$, $x=2$로 둘러싸인 도형의 넓이와 같으므로

$$\mathrm{P}(1 \le X \le 2) = \frac{1}{2} \times \left(1+\frac{1}{2}\right) \times 1 = \frac{3}{4}$$

다른 풀이

함수 $y=f(x)$의 그래프와 x축으로 둘러싸인 도형의 넓이는 1이므로

$$\begin{aligned}
\mathrm{P}(1 \le X \le 2) &= \mathrm{P}(1 \le X \le 3) - \mathrm{P}(2 \le X \le 3) \\
&= 1 - \frac{1}{2} \times 1 \times \frac{1}{2} = \frac{3}{4}
\end{aligned}$$

02

함수 $y=f(x)$의 그래프와 x축으로 둘러싸인 도형의 넓이는 1이므로

$$\frac{1}{2} \times 4 \times k = 1$$

$$2k=1 \qquad \therefore k=\frac{1}{2}$$

(i) $0 \le x \le 3$일 때

두 점 $(0, 0)$, $\left(3, \dfrac{1}{2}\right)$을 지나는 직선의 방정식은

$$y = \frac{\frac{1}{2}-0}{3-0} \times x, \ \ \text{즉} \ \ y = \frac{1}{6}x$$

$$\therefore f(x) = \frac{1}{6}x$$

(ii) $3 \le x \le 4$일 때

두 점 $\left(3, \dfrac{1}{2}\right)$, $(4, 0)$을 지나는 직선의 방정식은

$$y-0 = \frac{0-\frac{1}{2}}{4-3} \times (x-4), \ \ \text{즉} \ \ y = -\frac{1}{2}x+2$$

$$\therefore f(x) = -\frac{1}{2}x+2$$

(i), (ii)에서

$$f(x) = \begin{cases} \dfrac{1}{6}x & (0 \le x \le 3) \\[2mm] -\dfrac{1}{2}x+2 & (3 \le x \le 4) \end{cases}$$

따라서 $\mathrm{P}(2 \le X \le 4)$는 함수 $y=f(x)$의 그래프와 x축 및 직선 $x=2$로 둘러싸인 도형의 넓이와 같으므로

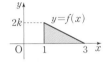

$$\begin{aligned}
\mathrm{P}(2 \le X \le 4) &= \mathrm{P}(2 \le X \le 3) + \mathrm{P}(3 \le X \le 4) \\
&= \frac{1}{2} \times \left(\frac{1}{3}+\frac{1}{2}\right) \times 1 + \frac{1}{2} \times 1 \times \frac{1}{2} \\
&= \frac{5}{12} + \frac{1}{4} = \frac{2}{3}
\end{aligned}$$

다른 풀이

함수 $y=f(x)$의 그래프와 x축으로 둘러싸인 도형의 넓이는 1이므로

$$\begin{aligned}
\mathrm{P}(2 \le X \le 4) &= \mathrm{P}(0 \le X \le 4) - \mathrm{P}(0 \le X \le 2) \\
&= 1 - \frac{1}{2} \times 2 \times \frac{1}{3} \\
&= 1 - \frac{1}{3} = \frac{2}{3}
\end{aligned}$$

03

③ 확률밀도함수 $f(x)$의 그래프는 x축을 점근선으로 하므로 그래프는 x축과 만나지 않는다.

04

정규분포 $\mathrm{N}(m, \sigma^2)$을 따르는 확률밀도함수의 그래프는 직선 $x=m$에 대하여 대칭이고, 확률변수 X의 확률밀도함수의 그래프와 x축 사이의 넓이는 1이므로

$$\begin{aligned}
\mathrm{P}(X \ge m-2\sigma) &= 1 - \mathrm{P}(X \le m-2\sigma) \\
&= 1 - \mathrm{P}(X \ge m+2\sigma) \\
&= 1 - 0.0228 = 0.9772
\end{aligned}$$

이고, $\mathrm{P}(X \ge k) = 0.9772$이므로

$$k = m-2\sigma$$

이때 X의 평균이 60, 분산이 16이므로

$$m=60, \ \sigma = \sqrt{16} = 4$$

$$\therefore k = m-2\sigma = 60 - 2 \times 4 = 52$$

05

확률변수 X가 정규분포 $\mathrm{N}(16, \sigma^2)$을 따르므로 $Z=\dfrac{X-16}{\sigma}$이라 하면 확률변수 Z는 표준정규분포 $\mathrm{N}(0, 1)$을 따른다.

$\mathrm{P}(X \ge 13) = 0.9332$에서

$$\begin{aligned}
\mathrm{P}(X\geq 13) &= \mathrm{P}\!\left(\frac{X-16}{\sigma}\geq\frac{13-16}{\sigma}\right)\\
&= \mathrm{P}\!\left(Z\geq-\frac{3}{\sigma}\right)\\
&= \mathrm{P}\!\left(-\frac{3}{\sigma}\leq Z\leq 0\right)+\mathrm{P}(Z\geq 0)\\
&= \mathrm{P}\!\left(0\leq Z\leq\frac{3}{\sigma}\right)+\mathrm{P}(Z\geq 0)\\
&= \mathrm{P}\!\left(0\leq Z\leq\frac{3}{\sigma}\right)+0.5=0.9332
\end{aligned}$$

$\mathrm{P}\!\left(Z\geq-\dfrac{3}{\sigma}\right)=0.9332$ 이므로 $-\dfrac{3}{\sigma}<0$이다.

$$\therefore\ \mathrm{P}\!\left(0\leq Z\leq\frac{3}{\sigma}\right)=0.4332$$

이때 주어진 표준정규분포표에서 $\mathrm{P}(0\leq Z\leq 1.5)=0.4332$이므로

$$\frac{3}{\sigma}=1.5 \qquad \therefore\ \sigma=2$$

$$\begin{aligned}
\therefore\ \mathrm{P}(X\leq 20) &= \mathrm{P}\!\left(\frac{X-16}{2}\leq\frac{20-16}{2}\right)\\
&= \mathrm{P}(Z\leq 2)\\
&= \mathrm{P}(Z\leq 0)+\mathrm{P}(0\leq Z\leq 2)\\
&= 0.5+0.4772=0.9772
\end{aligned}$$

06

확률변수 X가 정규분포 $\mathrm{N}(10,\,3^2)$을 따르므로

$Z_X=\dfrac{X-10}{3}$이라 하면 확률변수 Z_X는 표준정규분포 $\mathrm{N}(0,\,1)$을 따른다.

$$\begin{aligned}
\therefore\ \mathrm{P}(16\leq X\leq 22) &= \mathrm{P}\!\left(\frac{16-10}{3}\leq\frac{X-10}{3}\leq\frac{22-10}{3}\right)\\
&= \mathrm{P}(2\leq Z_X\leq 4)
\end{aligned}$$

또한, 확률변수 Y가 정규분포 $\mathrm{N}(20,\,5^2)$을 따르므로

$Z_Y=\dfrac{Y-20}{5}$이라 하면 확률변수 Z_Y는 표준정규분포 $\mathrm{N}(0,\,1)$을 따른다.

$$\begin{aligned}
\therefore\ \mathrm{P}(30\leq Y\leq k) &= \mathrm{P}\!\left(\frac{30-20}{5}\leq\frac{Y-20}{5}\leq\frac{k-20}{5}\right)\\
&= \mathrm{P}\!\left(2\leq Z_Y\leq\frac{k-20}{5}\right)
\end{aligned}$$

이때 $\mathrm{P}(16\leq X\leq 22)=\mathrm{P}(30\leq Y\leq k)$에서

$$\mathrm{P}(2\leq Z_X\leq 4)=\mathrm{P}\!\left(2\leq Z_Y\leq\frac{k-20}{5}\right)$$

$$4=\frac{k-20}{5},\ 20=k-20 \qquad \therefore\ k=40$$

07

이 도시의 신생아 한 명의 몸무게를 확률변수 X라 하면 X는 정규분포 $\mathrm{N}(3.2,\,0.5^2)$을 따르므로 $Z=\dfrac{X-3.2}{0.5}$라 하면 확률변수 Z는 표준정규분포 $\mathrm{N}(0,\,1)$을 따른다.

이 도시의 신생아 1000명 중에서 임의로 택한 한 명의 몸무게가 $3.9\,\mathrm{kg}$ 이하일 확률은

$$\begin{aligned}
\mathrm{P}(X\leq 3.9) &= \mathrm{P}\!\left(\frac{X-3.2}{0.5}\leq\frac{3.9-3.2}{0.5}\right)\\
&= \mathrm{P}(Z\leq 1.4)\\
&= \mathrm{P}(Z\leq 0)+\mathrm{P}(0\leq Z\leq 1.4)\\
&= 0.5+0.420=0.920
\end{aligned}$$

따라서 구하는 신생아 수는

$1000\times 0.920=920$(명)

08

이 야구 선수가 150번의 타석에서 안타를 친 횟수를 확률변수 X라 하면 X는 이항분포 $\mathrm{B}(150,\,0.4)$를 따르므로

$\mathrm{E}(X)=150\times 0.4=60$,

$\mathrm{V}(X)=150\times 0.4\times(1-0.4)=36=6^2$

이때 150은 충분히 큰 수이므로 확률변수 X는 근사적으로 정규분포 $\mathrm{N}(60,\,6^2)$을 따르고, $Z=\dfrac{X-60}{6}$이라 하면 확률변수 Z는 표준정규분포 $\mathrm{N}(0,\,1)$을 따른다.

이 야구 선수가 150번의 타석에서 안타를 친 횟수가 k번 이하일 확률이 0.0228이므로

$\mathrm{P}(X\leq k)=0.0228$에서

$$\begin{aligned}
\mathrm{P}(X\leq k) &= \mathrm{P}\!\left(\frac{X-60}{6}\leq\frac{k-60}{6}\right)\\
&= \mathrm{P}\!\left(Z\leq\frac{k-60}{6}\right)\\
&= \mathrm{P}\!\left(Z\geq\frac{60-k}{6}\right)\\
&= \mathrm{P}(Z\geq 0)-\mathrm{P}\!\left(0\leq Z\leq\frac{60-k}{6}\right)\\
&= 0.5-\mathrm{P}\!\left(0\leq Z\leq\frac{60-k}{6}\right)\\
&= 0.0228
\end{aligned}$$

$\mathrm{P}\!\left(Z\leq\dfrac{k-60}{6}\right)=0.0228$이므로 $\dfrac{k-60}{6}<0$이다.

$$\therefore\ \mathrm{P}\!\left(0\leq Z\leq\frac{60-k}{6}\right)=0.4772$$

이때 주어진 표준정규분포표에서 $\mathrm{P}(0\leq Z\leq 2)=0.4772$이므로

$$\frac{60-k}{6}=2,\ 60-k=12$$

$$\therefore\ k=48$$

09

확률밀도함수 $y=f(x)$의 그래프가 직선 $x=4$에 대하여 대칭이므로

$\mathrm{P}(2\leq X\leq 4)=\mathrm{P}(4\leq X\leq 6)$,

$\mathrm{P}(6\leq X\leq 8)=\mathrm{P}(0\leq X\leq 2)$

이때 $3\mathrm{P}(2\leq X\leq 4)=4\mathrm{P}(6\leq X\leq 8)$에서

$3\mathrm{P}(2\leq X\leq 4)=4\mathrm{P}(0\leq X\leq 2)$

$\mathrm{P}(2\leq X\leq 4)=a$, $\mathrm{P}(0\leq X\leq 2)=b$라 하면

$3a=4b$ ······ ㉠

함수 $y=f(x)$의 그래프와 x축 및 두 직선 $x=0$, $x=8$로 둘러싸인 도형의 넓이가 1이므로

$\mathrm{P}(0\leq X\leq 8)=1$

즉, $\mathrm{P}(0\leq X\leq 4)=\dfrac{1}{2}$이므로

$\mathrm{P}(0\leq X\leq 2)+\mathrm{P}(2\leq X\leq 4)=\dfrac{1}{2}$

$\therefore\ a+b=\dfrac{1}{2}$ ······ ㉡

㉠, ㉡을 연립하여 풀면

$a=\dfrac{2}{7},\ b=\dfrac{3}{14}$

$$\therefore P(2 \leq X \leq 6) = P(2 \leq X \leq 4) + P(4 \leq X \leq 6)$$
$$= P(2 \leq X \leq 4) + P(2 \leq X \leq 4)$$
$$= 2P(2 \leq X \leq 4)$$
$$= 2a = 2 \times \frac{2}{7} = \frac{4}{7}$$

10

어떤 고객이 C 회사 제품을 선택할 확률이 25 %, 즉 $\frac{1}{4}$이다.

192명의 고객 중에서 C 회사 제품을 선택하는 고객의 수를 확률변수 X라 하면 X는 이항분포 $B\left(192, \frac{1}{4}\right)$을 따르므로

$$E(X) = 192 \times \frac{1}{4} = 48,$$

$$V(X) = 192 \times \frac{1}{4} \times \left(1 - \frac{1}{4}\right) = 36 = 6^2$$

이때 192는 충분히 큰 수이므로 확률변수 X는 근사적으로 정규분포 $N(48, 6^2)$을 따르고, $Z = \dfrac{X-48}{6}$이라 하면 확률변수 Z는 표준정규분포 $N(0, 1)$을 따른다.

따라서 구하는 확률은

$$P(X \geq 42) = P\left(\frac{X-48}{6} \geq \frac{42-48}{6}\right)$$
$$= P(Z \geq -1)$$
$$= P(-1 \leq Z \leq 0) + P(Z \geq 0)$$
$$= P(0 \leq Z \leq 1) + P(Z \geq 0)$$
$$= 0.3413 + 0.5 = 0.8413$$

개념으로 단원 마무리
• 본문 78쪽

1 답 (1) 연속확률변수 (2) 확률밀도함수, 0, 1 (3) $N(m, \sigma^2)$
(4) m (5) 표준정규분포 (6) np

2 답 (1) ○ (2) ○ (3) ○ (4) ✕ (5) ○
(4) 확률변수 X가 정규분포 $N(10, 4)$, 즉 $N(10, 2^2)$을 따르므로 확률변수 $Z = \dfrac{X-10}{2}$이 표준정규분포 $N(0, 1)$을 따른다.
(5) 확률변수 X가 이항분포 $B\left(72, \dfrac{2}{3}\right)$를 따르므로

$$E(X) = 72 \times \frac{2}{3} = 48, \ V(X) = 72 \times \frac{2}{3} \times \frac{1}{3} = 16 = 4^2$$

이때 72는 충분히 큰 수이므로 확률변수 X는 근사적으로 정규분포 $N(48, 4^2)$을 따른다.

---

07 통계적 추정

Ⅲ. 통계

교과서 개념 확인하기
본문 82쪽

1 답 (1) 표본조사 (2) 전수조사 (3) 전수조사 (4) 표본조사
(1) 모든 배터리를 조사하면 남아 있는 배터리가 없게 되므로 표본조사가 더 적합하다.
(2) 우리 반 모든 학생들의 수학 성적을 알아야 하므로 전수조사가 더 적합하다.
(3) 우리나라 모든 인구를 파악해야 하므로 전수조사가 더 적합하다.
(4) 모든 과일을 조사하면 남아 있는 과일이 없게 되므로 표본조사가 더 적합하다.

2 답 (1) 100 (2) 90
(1) 복원추출이므로 꺼낸 공을 다시 주머니에 넣는다.
첫 번째 공을 꺼내는 경우의 수는
$_{10}C_1 = 10$
두 번째 공을 꺼내는 경우의 수는
$_{10}C_1 = 10$
따라서 구하는 경우의 수는
$10 \times 10 = 100$
(2) 비복원추출이므로 꺼낸 공을 다시 주머니에 넣지 않는다.
첫 번째 공을 꺼내는 경우의 수는
$_{10}C_1 = 10$
두 번째 공을 꺼내는 경우의 수는
$_9C_1 = 9$
따라서 구하는 경우의 수는
$10 \times 9 = 90$

3 답 (1) 50 (2) $\dfrac{4}{25}$ (3) $\dfrac{2}{5}$
(1) $E(\overline{X}) = 50$
(2) $V(\overline{X}) = \dfrac{2^2}{25} = \dfrac{4}{25}$
(3) $\sigma(\overline{X}) = \sqrt{\dfrac{4}{25}} = \dfrac{2}{5}$

4 답 (1) $N\left(20, \left(\dfrac{5}{6}\right)^2\right)$ (2) $N\left(30, \left(\dfrac{1}{2}\right)^2\right)$
(1) $N\left(20, \dfrac{5^2}{36}\right)$, 즉 $N\left(20, \left(\dfrac{5}{6}\right)^2\right)$
(2) $N\left(30, \dfrac{4^2}{64}\right)$, 즉 $N\left(30, \left(\dfrac{1}{2}\right)^2\right)$

5 답 (1) $46.08 \leq m \leq 53.92$ (2) $44.84 \leq m \leq 55.16$
(1) $50 - 1.96 \times \dfrac{10}{\sqrt{25}} \leq m \leq 50 + 1.96 \times \dfrac{10}{\sqrt{25}}$
$\therefore 46.08 \leq m \leq 53.92$
(2) $50 - 2.58 \times \dfrac{10}{\sqrt{25}} \leq m \leq 50 + 2.58 \times \dfrac{10}{\sqrt{25}}$
$\therefore 44.84 \leq m \leq 55.16$

6 답 (1) 0.4 (2) 0.01 (3) 0.1

(1) $E(\hat{p}) = 0.4$

(2) $V(\hat{p}) = \dfrac{0.4 \times (1-0.4)}{24} = \dfrac{0.24}{24} = 0.01$

(3) $\sigma(\hat{p}) = \sqrt{0.01} = 0.1$

7 답 (1) $N(0.5,\ 0.05^2)$ (2) $N(0.2,\ 0.02^2)$

(1) $N\left(0.5,\ \dfrac{0.5 \times (1-0.5)}{100}\right)$, 즉 $N(0.5,\ 0.05^2)$

(2) $N\left(0.2,\ \dfrac{0.2 \times (1-0.2)}{400}\right)$, 즉 $N(0.2,\ 0.02^2)$

8 답 (1) $0.0804 \le p \le 0.1196$ (2) $0.0742 \le p \le 0.1258$

(1) $0.1 - 1.96 \times \sqrt{\dfrac{0.1 \times 0.9}{900}} \le p \le 0.1 + 1.96 \times \sqrt{\dfrac{0.1 \times 0.9}{900}}$

$\therefore 0.0804 \le p \le 0.1196$

(2) $0.1 - 2.58 \times \sqrt{\dfrac{0.1 \times 0.9}{900}} \le p \le 0.1 + 2.58 \times \sqrt{\dfrac{0.1 \times 0.9}{900}}$

$\therefore 0.0742 \le p \le 0.1258$

교과서 예제로 개념 익히기

• 본문 83~87쪽

필수 예제 1 답 4

$E(\overline{X}) = 10,\ \sigma(\overline{X}) = \dfrac{4}{\sqrt{100}} = \dfrac{2}{5}$

$\therefore E(\overline{X}) \times \sigma(\overline{X}) = 10 \times \dfrac{2}{5} = 4$

1-1 답 4

$E(\overline{X}) = 12,\ V(\overline{X}) = \dfrac{9^2}{27} = 3$

$\therefore \dfrac{E(\overline{X})}{V(\overline{X})} = \dfrac{12}{3} = 4$

1-2 답 64

모표준편차가 4인 모집단에서 크기가 n인 표본을 임의추출할 때, 표본평균 $\overline{X}$의 표준편차는

$\sigma(\overline{X}) = \dfrac{4}{\sqrt{n}}$

표본평균 $\overline{X}$의 표준편차가 0.5 이하가 되어야 하므로

$\dfrac{4}{\sqrt{n}} \le 0.5,\ \dfrac{\sqrt{n}}{4} \ge 2$

$\sqrt{n} \ge 8$ $\therefore n \ge 64$

따라서 자연수 n의 최솟값은 64이다.

1-3 답 8

$E(X) = 1 \times \dfrac{2}{5} + 2 \times \dfrac{3}{10} + 3 \times \dfrac{1}{5} + 4 \times \dfrac{1}{10} = 2$

$V(X) = (1-2)^2 \times \dfrac{2}{5} + (2-2)^2 \times \dfrac{3}{10} + (3-2)^2 \times \dfrac{1}{5}$

$\qquad\qquad\qquad\qquad\qquad\qquad\quad + (4-2)^2 \times \dfrac{1}{10}$

$\qquad = 1$

$\therefore m = 2,\ \sigma^2 = 1$

이때 표본의 크기가 4이므로

$E(\overline{X}) = 2,\ V(\overline{X}) = \dfrac{1}{4}$

$\therefore \dfrac{E(\overline{X})}{V(\overline{X})} = \dfrac{2}{\frac{1}{4}} = 8$

필수 예제 2 답 0.9772

모집단이 정규분포 $N(50,\ 4^2)$을 따르고, 표본의 크기가 64이 므로 표본평균 $\overline{X}$는 정규분포 $N\left(50,\ \dfrac{4^2}{64}\right)$, 즉 $N\left(50,\ \left(\dfrac{1}{2}\right)^2\right)$ 을 따르고, $Z = \dfrac{\overline{X} - 50}{\frac{1}{2}}$이라 하면 확률변수 Z는 표준정규분 포 $N(0,\ 1)$을 따른다.

$\therefore P(\overline{X} \ge 49) = P\left(\dfrac{\overline{X} - 50}{\frac{1}{2}} \ge \dfrac{49 - 50}{\frac{1}{2}}\right)$

$\qquad\qquad\quad = P(Z \ge -2)$

$\qquad\qquad\quad = P(Z \le 2)$

$\qquad\qquad\quad = P(Z \le 0) + P(0 \le Z \le 2)$

$\qquad\qquad\quad = 0.5 + 0.4772 = 0.9772$

2-1 답 0.8185

모집단이 정규분포 $N(12,\ 5^2)$을 따르고, 표본의 크기가 25이 므로 표본평균 $\overline{X}$는 정규분포 $N\left(12,\ \dfrac{5^2}{25}\right)$, 즉 $N(12,\ 1^2)$을 따르고, $Z = \dfrac{\overline{X} - 12}{1} = \overline{X} - 12$라 하면 확률변수 Z는 표준정 규분포 $N(0,\ 1)$을 따른다.

$\therefore P(10 \le \overline{X} \le 13) = P(10 - 12 \le \overline{X} - 12 \le 13 - 12)$

$\qquad\qquad\qquad\quad = P(-2 \le Z \le 1)$

$\qquad\qquad\qquad\quad = P(-2 \le Z \le 0) + P(0 \le Z \le 1)$

$\qquad\qquad\qquad\quad = P(0 \le Z \le 2) + P(0 \le Z \le 1)$

$\qquad\qquad\qquad\quad = 0.4772 + 0.3413 = 0.8185$

2-2 답 16

모집단이 정규분포 $N(60,\ 2^2)$을 따르고, 표본의 크기가 n이 므 로 표본평균 $\overline{X}$는 정규분포 $N\left(60,\ \dfrac{2^2}{n}\right)$, 즉 $N\left(60,\ \left(\dfrac{2}{\sqrt{n}}\right)^2\right)$을 따르고, $Z = \dfrac{\overline{X} - 60}{\frac{2}{\sqrt{n}}}$이라 하면 확률변수 Z는 표준정규분포 $N(0,\ 1)$을 따른다.

$P(\overline{X} \ge 60.5) = 0.1587$에서

$P(\overline{X} \ge 60.5) = P\left(\dfrac{\overline{X} - 60}{\frac{2}{\sqrt{n}}} \ge \dfrac{60.5 - 60}{\frac{2}{\sqrt{n}}}\right)$

$\qquad\qquad\quad = P\left(Z \ge \dfrac{\sqrt{n}}{4}\right)$

$\qquad\qquad\quad = P(Z \ge 0) - P\left(0 \le Z \le \dfrac{\sqrt{n}}{4}\right)$

$\qquad\qquad\quad = 0.5 - P\left(0 \le Z \le \dfrac{\sqrt{n}}{4}\right)$

$\qquad\qquad\quad = 0.1587$

$\therefore P\left(0 \le Z \le \dfrac{\sqrt{n}}{4}\right) = 0.3413$

이때 주어진 표준정규분포표에서 $P(0 \leq Z \leq 1) = 0.3413$이므로

$\dfrac{\sqrt{n}}{4} = 1$, $\sqrt{n} = 4$

$\therefore n = 16$

2-3 目 0.9332

이 공장에서 생산된 치약 한 개의 무게를 확률변수 X라 하면 X는 정규분포 $N(130, 3^2)$을 따른다.

임의추출한 225개의 치약의 무게의 표본평균을 $\overline{X}$라 하면 $\overline{X}$는 정규분포 $N\left(130, \dfrac{3^2}{225}\right)$, 즉 $N\left(130, \left(\dfrac{1}{5}\right)^2\right)$을 따르고,

$Z = \dfrac{\overline{X} - 50}{\dfrac{1}{5}}$이라 하면 확률변수 Z는 표준정규분포 $N(0, 1)$을 따른다.

따라서 구하는 확률은

$P(\overline{X} \leq 130.3) = P\left(\dfrac{\overline{X} - 130}{\dfrac{1}{5}} \leq \dfrac{130.3 - 130}{\dfrac{1}{5}}\right)$

$\qquad = P(Z \leq 1.5)$

$\qquad = P(Z \leq 0) + P(0 \leq Z \leq 1.5)$

$\qquad = 0.5 + 0.4332 = 0.9332$

필수 예제 3 目 $98.04 \leq m \leq 101.96$

모표준편차가 7, 표본의 크기가 49, 표본평균이 100이므로 모평균 m에 대한 신뢰도 95 %의 신뢰구간은

$100 - 1.96 \times \dfrac{7}{\sqrt{49}} \leq m \leq 100 + 1.96 \times \dfrac{7}{\sqrt{49}}$

$\therefore 98.04 \leq m \leq 101.96$

3-1 目 $394.84 \leq m \leq 405.16$

모표준편차가 16, 표본의 크기가 64, 표본평균이 400이므로 모평균 m에 대한 신뢰도 99 %의 신뢰구간은

$400 - 2.58 \times \dfrac{16}{\sqrt{64}} \leq m \leq 400 + 2.58 \times \dfrac{16}{\sqrt{64}}$

$\therefore 394.84 \leq m \leq 405.16$

3-2 目 15

모표준편차가 σ, 표본의 크기가 25, 표본평균이 70이므로 모평균 m에 대한 신뢰도 95 %의 신뢰구간은

$70 - 1.96 \times \dfrac{\sigma}{\sqrt{25}} \leq m \leq 70 + 1.96 \times \dfrac{\sigma}{\sqrt{25}}$

$\therefore 70 - 1.96 \times \dfrac{\sigma}{5} \leq m \leq 70 + 1.96 \times \dfrac{\sigma}{5}$

위의 신뢰구간이 $64.12 \leq m \leq 75.88$이므로

$70 + 1.96 \times \dfrac{\sigma}{5} = 75.88$

$1.96 \times \dfrac{\sigma}{5} = 5.88$

$\dfrac{\sigma}{5} = 3$

$\therefore \sigma = 15$

3-3 目 $376.08 \leq m \leq 383.92$

모표준편차가 18, 표본의 크기가 81, 표본평균이 380이므로 모평균 m에 대한 신뢰구간은

$380 - 1.96 \times \dfrac{18}{\sqrt{81}} \leq m \leq 380 + 1.96 \times \dfrac{18}{\sqrt{81}}$

$\therefore 376.08 \leq m \leq 383.92$

필수 예제 4 目 0.9544

모비율이 0.1, 표본의 크기가 400이고, 400은 충분히 큰 수이므로 표본비율 $\hat{p}$은 근사적으로 정규분포 $N\left(0.1, \dfrac{0.1 \times (1 - 0.1)}{400}\right)$, 즉 $N(0.1, 0.015^2)$을 따르고,

$Z = \dfrac{\hat{p} - 0.1}{0.015}$이라 하면 확률변수 Z는 표준정규분포 $N(0, 1)$을 따른다.

$\therefore P(0.07 \leq \hat{p} \leq 0.13)$

$\quad = P\left(\dfrac{0.07 - 0.1}{0.015} \leq \dfrac{\hat{p} - 0.1}{0.015} \leq \dfrac{0.13 - 0.1}{0.015}\right)$

$\quad = P(-2 \leq Z \leq 2)$

$\quad = P(-2 \leq Z \leq 0) + P(0 \leq Z \leq 2)$

$\quad = P(0 \leq Z \leq 2) + P(0 \leq Z \leq 2)$

$\quad = 2P(0 \leq Z \leq 2)$

$\quad = 2 \times 0.4772 = 0.9544$

4-1 目 0.8413

모비율이 0.25, 표본의 크기가 300이고, 300은 충분히 큰 수이므로 표본비율 $\hat{p}$은 근사적으로 정규분포 $N\left(0.25, \dfrac{0.25 \times (1 - 0.25)}{300}\right)$, 즉 $N(0.25, 0.025^2)$을 따르고,

$Z = \dfrac{\hat{p} - 0.25}{0.025}$라 하면 확률변수 Z는 표준정규분포 $N(0, 1)$을 따른다.

$\therefore P(\hat{p} \leq 0.275) = P\left(\dfrac{\hat{p} - 0.25}{0.025} \leq \dfrac{0.275 - 0.25}{0.025}\right)$

$\qquad = P(Z \leq 1)$

$\qquad = P(Z \leq 0) + P(0 \leq Z \leq 1)$

$\qquad = 0.5 + 0.3413 = 0.8413$

4-2 目 0.72

모비율이 0.8, 표본의 크기가 100이고, 100은 충분히 큰 수이므로 표본비율 $\hat{p}$은 근사적으로 정규분포 $N\left(0.8, \dfrac{0.8 \times (1 - 0.8)}{100}\right)$, 즉 $N(0.8, 0.04^2)$을 따르고,

$Z = \dfrac{\hat{p} - 0.8}{0.04}$이라 하면 확률변수 Z는 표준정규분포 $N(0, 1)$을 따른다.

$P(\hat{p} \geq a) = 0.9772$에서

$P(\hat{p} \geq a) = P\left(\dfrac{\hat{p} - 0.8}{0.04} \geq \dfrac{a - 0.8}{0.04}\right)$

$\qquad = P\left(Z \geq \dfrac{a - 0.8}{0.04}\right)$

$\qquad = P\left(\dfrac{a - 0.8}{0.04} \leq Z \leq 0\right) + P(Z \geq 0)$

$\qquad = P\left(0 \leq Z \leq \dfrac{0.8 - a}{0.04}\right) + P(Z \geq 0)$

$\qquad = P\left(0 \leq Z \leq \dfrac{0.8 - a}{0.04}\right) + 0.5 = 0.9772$

$P\left(Z \geq \dfrac{a - 0.8}{0.04}\right)$ $= 0.9772$ 이므로 $\dfrac{a - 0.8}{0.04} < 0$ 이다.

$\therefore P\left(0 \leq Z \leq \dfrac{0.8 - a}{0.04}\right) = 0.4772$

이때 주어진 표준정규분포표에서 $\mathrm{P}(0 \leq Z \leq 2)=0.4772$이므로

$$\frac{0.8-a}{0.04}=2$$

$$0.8-a=0.08$$

$$\therefore a=0.72$$

4-3 답 0.1587

임의추출한 400개의 스마트 워치 중에서 불량품의 비율을 $\hat{p}$이라 하면 모비율이 0.02, 표본의 크기가 400이고, 400은 충분히 큰 수이므로 표본비율 $\hat{p}$은 근사적으로 정규분포

$\mathrm{N}\left(0.02, \ \dfrac{0.02 \times (1-0.02)}{400}\right)$, 즉 $\mathrm{N}(0.02, \ 0.007^2)$을 따르고,

$Z=\dfrac{\hat{p}-0.02}{0.007}$라 하면 확률변수 Z는 표준정규분포 $\mathrm{N}(0, \ 1)$을 따른다.

따라서 구하는 확률은

$$\begin{aligned}
\mathrm{P}(\hat{p} \geq 0.027) &= \mathrm{P}\left(\frac{\hat{p}-0.02}{0.007} \geq \frac{0.027-0.02}{0.007}\right) \\
&= \mathrm{P}(Z \geq 1) \\
&= \mathrm{P}(Z \geq 0)-\mathrm{P}(0 \leq Z \leq 1) \\
&= 0.5-0.3413=0.1587
\end{aligned}$$

필수 예제 5 답 $0.701 \leq p \leq 0.799$

표본의 크기가 300, 표본비율이 $\dfrac{3}{4}$이므로

모비율 p에 대한 신뢰도 95 %의 신뢰구간은

$$\frac{3}{4}-1.96 \times \sqrt{\frac{\frac{3}{4} \times \left(1-\frac{3}{4}\right)}{300}} \leq p \leq \frac{3}{4}+1.96 \times \sqrt{\frac{\frac{3}{4} \times \left(1-\frac{3}{4}\right)}{300}}$$

$$\therefore \ 0.701 \leq p \leq 0.799$$

5-1 답 $0.071 \leq p \leq 0.329$

표본의 크기가 64, 표본비율이 $\dfrac{1}{5}$이므로

모비율 p에 대한 신뢰도 99 %의 신뢰구간은

$$\frac{1}{5}-2.58 \times \sqrt{\frac{\frac{1}{5} \times \left(1-\frac{1}{5}\right)}{64}} \leq p \leq \frac{1}{5}+2.58 \times \sqrt{\frac{\frac{1}{5} \times \left(1-\frac{1}{5}\right)}{64}}$$

$$\therefore \ 0.071 \leq p \leq 0.329$$

5-2 답 $0.5608 \leq p \leq 0.6392$

표본의 크기가 600이고, 임의추출한 이 회사 직원 600명 중 남자 직원의 비율을 $\hat{p}$이라 하면 $\hat{p}=\dfrac{360}{600}=0.6$이므로 전체 직원 중에서 남자 직원의 비율 p에 대한 신뢰도 95 %의 신뢰구간은

$$0.6-1.96 \times \sqrt{\frac{0.6 \times (1-0.6)}{600}} \leq p$$

$$\leq 0.6+1.96 \times \sqrt{\frac{0.6 \times (1-0.6)}{600}}$$

$$\therefore \ 0.5608 \leq p \leq 0.6392$$

5-3 답 2100

표본의 크기가 n이고, 임의추출한 이 도시의 주민 n명의 발전소 유치에 관한 찬성률을 $\hat{p}$이라 하면 $\hat{p}=0.7$이므로 이 도시의 발전소 유치에 관한 찬성률 p에 대한 신뢰도 99 %의 신뢰구간은

$$0.7-2.58 \times \sqrt{\frac{0.7 \times (1-0.7)}{n}} \leq p$$

$$\leq 0.7+2.58 \times \sqrt{\frac{0.7 \times (1-0.7)}{n}}$$

$$\therefore \ 0.7-2.58 \times \sqrt{\frac{21}{100n}} \leq p \leq 0.7+2.58 \times \sqrt{\frac{21}{100n}}$$

위의 신뢰구간이 $a \leq p \leq b$이므로

$$a=0.7-2.58 \times \sqrt{\frac{21}{100n}}, \ b=0.7+2.58 \times \sqrt{\frac{21}{100n}}$$

이때 $b-a=0.0516$이므로

$$\left(0.7+2.58 \times \sqrt{\frac{21}{100n}}\right)-\left(0.7-2.58 \times \sqrt{\frac{21}{100n}}\right)=0.0516$$

$$2 \times 2.58 \times \sqrt{\frac{21}{100n}}=0.0516$$

$$\sqrt{\frac{21}{100n}}=0.01$$

$$\frac{21}{100n}=0.0001$$

$$\therefore \ n=2100$$

실전 문제로 단원 마무리 · 본문 88~90쪽

01 ③	02 ③	03 12	04 ②
05 900	06 ④	07 ④	08 ⑤
09 ③	10 ②		

01

주머니에서 임의로 1개의 공을 꺼낼 때, 공에 적힌 숫자를 확률변수 X라 하고 X의 확률분포를 표로 나타내면 다음과 같다.

X	1	2	3	합계
$\mathrm{P}(X=x)$	$\dfrac{1}{5}$	$\dfrac{3}{5}$	$\dfrac{1}{5}$	1

따라서

$$\mathrm{E}(X)=1 \times \frac{1}{5}+2 \times \frac{3}{5}+3 \times \frac{1}{5}=2$$

이므로

$$\mathrm{V}(X)=(1-2)^2 \times \frac{1}{5}+(2-2)^2 \times \frac{3}{5}+(3-2)^2 \times \frac{1}{5}=\frac{2}{5}$$

이때 표본의 크기가 2이므로

$$\mathrm{V}(\overline{X})=\frac{\frac{2}{5}}{2}=\frac{1}{5}$$

02

$$\mathrm{E}(X)=100 \times \frac{1}{5}=20,$$

$$\mathrm{V}(X)=100 \times \frac{1}{5} \times \left(1-\frac{1}{5}\right)=16=4^2$$

이때 100은 충분히 큰 수이므로 확률변수 X는 근사적으로 정규분포 $\mathrm{N}(20, \ 4^2)$을 따른다.

즉, 모평균이 20, 모분산이 16, 표본의 크기가 4이므로

$$\mathrm{E}(\overline{X})=20, \ \mathrm{V}(\overline{X})=\frac{16}{4}=4$$

따라서 $V(\overline{X}) = E(\overline{X}^2) - \{E(\overline{X})\}^2$에서
$4 = E(\overline{X}^2) - 20^2$
$\therefore E(\overline{X}^2) = 404$

03

이 농장에서 재배된 사과 한 개의 무게를 확률변수 X라 하면 X는 정규분포 $N(430,\ \sigma^2)$을 따르므로 임의추출한 144개의 사과의 무게의 표본평균을 $\overline{X}$라 하면 $\overline{X}$는 정규분포

$N\left(430,\ \dfrac{\sigma^2}{144}\right)$, 즉 $N\left(430,\ \left(\dfrac{\sigma}{12}\right)^2\right)$을 따르고,

$Z = \dfrac{\overline{X} - 430}{\dfrac{\sigma}{12}}$이라 하면 확률변수 Z는 표준정규분포 $N(0,\ 1)$

을 따른다.
임의추출한 144개의 사과의 무게의 표본평균이 431 g 이하일 확률이 0.8413이므로
$P(\overline{X} \le 431) = 0.8413$에서

$P(\overline{X} \le 431) = P\left(\dfrac{\overline{X} - 430}{\dfrac{\sigma}{12}} \le \dfrac{431 - 430}{\dfrac{\sigma}{12}}\right)$

$= P\left(Z \le \dfrac{12}{\sigma}\right)$

$= P(Z \le 0) + P\left(0 \le Z \le \dfrac{12}{\sigma}\right)$

$= 0.5 + P\left(0 \le Z \le \dfrac{12}{\sigma}\right)$

$= 0.8413$

$\therefore P\left(0 \le Z \le \dfrac{12}{\sigma}\right) = 0.3413$

이때 주어진 표준정규분포표에서 $P(0 \le Z \le 1) = 0.3413$이므로
$\dfrac{12}{\sigma} = 1 \quad \therefore \sigma = 12$

04

정규분포 $N(30,\ 8^2)$을 따르는 모집단에서 크기가 16인 표본을 임의추출하여 구한 표본평균 $\overline{X}$는 정규분포 $N\left(30,\ \dfrac{8^2}{16}\right)$, 즉

$N(30,\ 2^2)$을 따르므로 $Z_{\overline{X}} = \dfrac{\overline{X} - 30}{2}$이라 하면 확률변수 $Z_{\overline{X}}$

는 표준정규분포 $N(0,\ 1)$을 따른다.

$\therefore P(\overline{X} \le 34) = P\left(\dfrac{\overline{X} - 30}{2} \le \dfrac{34 - 30}{2}\right)$

$= P(Z_{\overline{X}} \le 2)$

또한, 정규분포 $N(45,\ \sigma^2)$을 따르는 모집단에서 크기가 81인 표본을 임의추출하여 구한 표본평균 $\overline{Y}$는 정규분포

$N\left(45,\ \dfrac{\sigma^2}{81}\right)$, 즉 $N\left(45,\ \left(\dfrac{\sigma}{9}\right)^2\right)$을 따르므로 $Z_{\overline{Y}} = \dfrac{\overline{Y} - 45}{\dfrac{\sigma}{9}}$라

하면 확률변수 $Z_{\overline{Y}}$는 표준정규분포 $N(0,\ 1)$을 따른다.

$\therefore P(\overline{Y} \ge 47) = P\left(\dfrac{\overline{Y} - 45}{\dfrac{\sigma}{9}} \ge \dfrac{47 - 45}{\dfrac{\sigma}{9}}\right)$

$= P\left(Z_{\overline{Y}} \ge \dfrac{18}{\sigma}\right)$

이때 $P(\overline{X} \le 34) + P(\overline{Y} \ge 47) = 1$에서

$P(Z_{\overline{X}} \le 2) + P\left(Z_{\overline{Y}} \ge \dfrac{18}{\sigma}\right) = 1$

$2 = \dfrac{18}{\sigma}$

$\therefore \sigma = 9$

$\therefore P(\overline{Y} \ge 44) = P(\overline{Y} - 45 \ge 44 - 45)$

$= P(Z_{\overline{Y}} \ge -1)$

$= P(-1 \le Z_{\overline{Y}} \le 0) + P(Z_{\overline{Y}} \ge 0)$

$= P(0 \le Z_{\overline{Y}} \le 1) + P(Z_{\overline{Y}} \ge 0)$

$= 0.3413 + 0.5 = 0.8413$

05

표본평균을 $\overline{x}$라 하면 모표준편차가 5, 표본의 크기가 n이므로 모평균 m에 대한 신뢰도 99 %의 신뢰구간은

$\overline{x} - 2.58 \times \dfrac{5}{\sqrt{n}} \le m \le \overline{x} + 2.58 \times \dfrac{5}{\sqrt{n}}$

위의 신뢰구간이 $a \le m \le b$이므로

$a = \overline{x} - 2.58 \times \dfrac{5}{\sqrt{n}},\ b = \overline{x} + 2.58 \times \dfrac{5}{\sqrt{n}}$

이때 $b - a \le 0.86$이므로

$\left(\overline{x} + 2.58 \times \dfrac{5}{\sqrt{n}}\right) - \left(\overline{x} - 2.58 \times \dfrac{5}{\sqrt{n}}\right) \le 0.86$

$2 \times 2.58 \times \dfrac{5}{\sqrt{n}} \le 0.86$

$\sqrt{n} \ge 30$

$\therefore n \ge 900$

따라서 자연수 n의 최솟값은 900이다.

06

표본평균을 $\overline{x}$라 하면 모표준편차가 σ, 표본의 크기가 n이므로 모평균 m에 대한 신뢰도 95 %의 신뢰구간은

$\overline{x} - 1.96 \times \dfrac{\sigma}{\sqrt{n}} \le m \le \overline{x} + 1.96 \times \dfrac{\sigma}{\sqrt{n}}$

위의 신뢰구간이 $60.2 \le m \le 79.8$이므로

$\overline{x} - 1.96 \times \dfrac{\sigma}{\sqrt{n}} = 60.2 \quad \cdots\cdots \ ㉠$

$\overline{x} + 1.96 \times \dfrac{\sigma}{\sqrt{n}} = 79.8 \quad \cdots\cdots \ ㉡$

㉠+㉡을 하면
$2\overline{x} = 140 \quad \therefore \overline{x} = 70$
㉡-㉠을 하면

$2 \times 1.96 \times \dfrac{\sigma}{\sqrt{n}} = 19.6 \quad \therefore \dfrac{\sigma}{\sqrt{n}} = 5$

따라서 구하는 모평균이 m에 대한 신뢰도 99 %의 신뢰구간은

$\overline{x} - 2.58 \times \dfrac{\sigma}{\sqrt{n}} \le m \le \overline{x} + 2.58 \times \dfrac{\sigma}{\sqrt{n}}$

$70 - 2.58 \times 5 \le m \le 70 + 2.58 \times 5$

$\therefore 57.1 \le m \le 82.9$

07

임의추출한 100개의 해바라기 씨앗 중에서 발아하는 씨앗의 개수의 비율을 $\hat{p}$이라 하면 모비율이 0.9, 표본의 크기가 100이고, 100은 충분히 큰 수이므로 표본비율 $\hat{p}$은 근사적으로 정규

분포 $N\left(0.9,\ \dfrac{0.9 \times (1 - 0.9)}{100}\right)$, 즉 $N(0.9,\ 0.03^2)$을 따르고,

$Z = \dfrac{\hat{p} - 0.9}{0.03}$라 하면 확률변수 Z는 표준정규분포 $N(0,\ 1)$을

따른다.

따라서 구하는 확률은

$$P(\hat{p} \geq 0.84) = P\left(\frac{\hat{p}-0.9}{0.03} \geq \frac{0.84-0.9}{0.03}\right)$$
$$= P(Z \geq -2)$$
$$= P(-2 \leq Z \leq 0) + P(Z \geq 0)$$
$$= P(0 \leq Z \leq 2) + P(Z \geq 0)$$
$$= 0.4772 + 0.5 = 0.9772$$

08

표본의 크기가 300이고, 임의추출한 300가구 중에서 이 프로그램을 시청한 가구의 비율을 $\hat{p}$이라 하면

$$\hat{p} = \frac{75}{300} = 0.25$$

즉, 이 프로그램의 시청률 p에 대한 신뢰도 95 %의 신뢰구간은

$$0.25 - 1.96 \times \sqrt{\frac{0.25 \times (1-0.25)}{300}} \leq p$$
$$\leq 0.25 + 1.96 \times \sqrt{\frac{0.25 \times (1-0.25)}{300}}$$

$$0.25 - 0.049 \leq p \leq 0.25 + 0.049$$
$$-0.049 \leq p - 0.25 \leq 0.049$$
$$\therefore |p - 0.25| \leq 0.049$$

따라서 실수 k의 최솟값은 0.049이다.

09

이 회사에서 일하는 플랫폼 근로자의 일주일 근무 시간을 확률변수 X라 하면 X는 정규분포 $N(m, 5^2)$을 따르므로 임의추출한 36명의 일주일 근무 시간의 표본평균을 $\overline{X}$라 하면 $\overline{X}$는 정규분포 $N\left(m, \frac{5^2}{36}\right)$, 즉 $N\left(m, \left(\frac{5}{6}\right)^2\right)$을 따르고,

$Z = \dfrac{\overline{X}-m}{\frac{5}{6}}$이라 하면 확률변수 Z는 표준정규분포 $N(0, 1)$을

따른다.

임의추출한 36명의 일주일 근무 시간의 표본평균이 38시간 이상일 확률이 0.9332이므로

$P(\overline{X} \geq 38) = 0.9332$에서

$$P(\overline{X} \geq 38) = P\left(\frac{\overline{X}-m}{\frac{5}{6}} \geq \frac{38-m}{\frac{5}{6}}\right)$$
$$= P\left(Z \geq \frac{38-m}{\frac{5}{6}}\right)$$
$$= P\left(\frac{38-m}{\frac{5}{6}} \leq Z \leq 0\right) + P(Z \geq 0)$$
$$= P\left(0 \leq Z \leq \frac{m-38}{\frac{5}{6}}\right) + P(Z \geq 0)$$
$$= P\left(0 \leq Z \leq \frac{m-38}{\frac{5}{6}}\right) + 0.5$$
$$= 0.9332$$
$$\therefore P\left(0 \leq Z \leq \frac{m-38}{\frac{5}{6}}\right) = 0.4332$$

$P\left(Z \geq \frac{38-m}{\frac{5}{6}}\right)$
$= 0.9332$
이므로
$\frac{38-m}{\frac{5}{6}} < 0$
이다.

이때 주어진 표준정규분포표에서 $P(0 \leq Z \leq 1.5) = 0.4332$이므로

$$\frac{m-38}{\frac{5}{6}} = 1.5$$
$$m - 38 = 1.25$$
$$\therefore m = 39.25$$

10

표본의 크기가 100이고, 임의추출한 이 회사의 직원 100명 중 출근 소요 시간이 60분 이상 120분 미만인 직원의 비율을 표본비율 $\hat{p}$이라 하면 이 회사의 직원 100명 중 출근 소요 시간이 60분 이상 120분 미만인 직원이 $50 + 30 = 80$(명)이므로

$$\hat{p} = \frac{80}{100} = 0.8$$

즉, 전체 직원 중 출근 소요 시간이 60분 이상 120분 미만인 직원의 비율 p에 대한 신뢰도 95 %의 신뢰구간은

$$0.8 - 1.96 \times \sqrt{\frac{0.8 \times (1-0.8)}{100}} \leq p$$
$$\leq 0.8 + 1.96 \times \sqrt{\frac{0.8 \times (1-0.8)}{100}}$$

위의 신뢰구간이 $a \leq p \leq b$이므로

$$a = 0.8 - 1.96 \times \sqrt{\frac{0.8 \times 0.2}{100}}, \quad b = 0.8 + 1.96 \times \sqrt{\frac{0.8 \times 0.2}{100}}$$

$$\therefore 5000(b-a)$$
$$= 5000 \times \left\{\left(0.8 + 1.96 \times \sqrt{\frac{0.8 \times 0.2}{100}}\right) - \left(0.8 - 1.96 \times \sqrt{\frac{0.8 \times 0.2}{100}}\right)\right\}$$
$$= 5000 \times 2 \times 1.96 \times \frac{4}{100} = 784$$

개념으로 단원 마무리 ・본문 91쪽

1 답 (1) 임의추출 (2) m, n, $\sqrt{n}$ (3) $\sqrt{n}$, $\sqrt{n}$, σ, σ
(4) p, n, n (5) n, n, $\hat{p}\hat{q}$, $\hat{p}\hat{q}$

2 답 (1) ○ (2) ○ (3) ×

(3) 확률변수 $Z = \dfrac{\hat{p}-p}{\sqrt{\frac{pq}{n}}}$가 근사적으로 표준정규분포 $N(0, 1)$

을 따른다.

수학이 쉬워지는
완벽한 솔루션

완쏠

개념 라이트

확률과 통계

메가스터디BOOKS

내용 문의 02-6984-6901 | 구입 문의 02-6984-6868,9 | www.megastudybooks.com